国家电网有限公司
STATE GRID
CORPORATION OF CHINA

U0158836

国家电网有限公司
技能人员专业培训教材

水库调度

国家电网有限公司　组编

中国电力出版社
CHINA ELECTRIC POWER PRESS

图书在版编目（CIP）数据

水库调度/国家电网有限公司组编. —北京：中国电力出版社，2020.7
国家电网有限公司技能人员专业培训教材
ISBN 978-7-5198-4461-5

Ⅰ.①水… Ⅱ.①国… Ⅲ.①水库调度–技术培训–教材 Ⅳ.①TV697.1

中国版本图书馆 CIP 数据核字（2020）第 041677 号

出版发行：中国电力出版社
地　　址：北京市东城区北京站西街 19 号（邮政编码 100005）
网　　址：http://www.cepp.sgcc.com.cn
责任编辑：娄雪芳（010-63412375） 柳　璐
责任校对：黄　蓓　于　维
装帧设计：郝晓燕　赵姗姗
责任印制：吴　迪

印　　刷：三河市百盛印装有限公司
版　　次：2020 年 7 月第一版
印　　次：2020 年 7 月北京第一次印刷
开　　本：710 毫米×980 毫米　16 开本
印　　张：15.5
字　　数：291 千字
印　　数：0001—1500 册
定　　价：48.00 元

本书编委会

前　言

为贯彻落实国家终身职业技能培训要求，全面加强国家电网有限公司新时代高技能人才队伍建设工作，有效提升技能人员岗位能力培训工作的针对性、有效性和规范性，加快建设一支纪律严明、素质优良、技艺精湛的高技能人才队伍，为建设具有中国特色国际领先的能源互联网企业提供强有力人才支撑，国家电网有限公司人力资源部组织公司系统技术技能专家，在《国家电网公司生产技能人员职业能力培训专用教材》（2010 年版）基础上，结合新理论、新技术、新方法、新设备，采用模块化结构，修编完成覆盖输电、变电、配电、营销、调度等 50 余个专业的培训教材。

本套专业培训教材是以各岗位小类的岗位能力培训规范为指导，以国家、行业及公司发布的法律法规、规章制度、规程规范、技术标准等为依据，以岗位能力提升、贴近工作实际为目的，以模块化教材为特点，语言简练、通俗易懂，专业术语完整准确，适用于培训教学、员工自学、资源开发等，也可作为相关大专院校教学参考书。

本书为《水库调度》分册，由王永峰、李文龙、孙效伟、曹爱民、战杰、任志强、李建光、刘玉文编写。在出版过程中，参与编写和审定的专家们以高度的责任感和严谨的作风，几易其稿，多次修订才最终定稿，在本套培训教材即将出版之际，谨向所有参与和支持本书籍出版的专家表示衷心的感谢！

由于编写人员水平有限，书中难免有错误和不足之处，敬请广大读者批评指正。

目　录

第四部分　资料整编及调度总结

第五部分　水　文　测　验

第六部分　水库运用参数复核及水库调度系统设计

第七部分　综合利用调度

第八部分　规　程　规　范

第一部分

水调系统运行监视及维护

第一章

网络监视与维护

▲ 模块 1 网络运行监视及故障设备判断
（ZY5801901001）

【模块描述】本模块介绍水库调度系统网络运行情况监视，故障设备的判断。通过要点讲解、案例分析，熟悉网络设备运行情况监视、故障设备判断的方法。

【模块内容】

一、故障现象

（1）现象 1。信息安全Ⅲ区用户无法访问水库调度系统 Web 服务器，但能够访问同区其他系统。

（2）现象 2。水库调度系统工作站（位于信息安全Ⅱ区）无法访问水库调度系统服务器，但能访问信息安全Ⅱ区其他系统（如访问监控通信机）。

（3）现象 3。水库调度系统无法对外网络访问。

（4）现象 4。水库调度系统与上级电力调度的通信中断，但厂局域网运行正常。

二、故障处理方法

1. 网络监视一般方法

（1）定期巡视水库调度系统，包括检查信息安全Ⅲ区的 Web 服务器、信息安全Ⅱ区的水库调度系统网络，以及与上级电力调度机构水库调度系统的运行、通信情况，以便及早发现网络故障，恢复系统正常运行。

（2）利用水库调度系统自带的网络监视软件监视故障信号并及时予以核实和处理。

（3）选择有关特性数据（如实时出力、实时水位等）进行监视分析，发现数据长时间不更新时，立即检查网络或计算机的运行状况。

2. 故障判别

（1）应用 ping 命令，初步判断网络故障范围［"开始"→"运行（R）…"，在打开框中输入"cmd"，按回车键，在命令提示符处输入 ping IP 地址］。（适合现象 1～4）

（2）查看网卡的数据显示灯是否亮，若有其他网络端口，更换网络端口测试。（适合现象 1～4）

（3）查看 Hub 等网络连接设备是否运行正常，检查 Hub 电源。（适合现象 1～4）

（4）检查网线。轻拉网线，检查网线端口的接触是否良好，换一根正常网线进行连接测试。（适合现象 1～4）

（5）检查网卡状态。检查方法：打开控制面板，查看网卡状态有无异常标记。或打开命令提示符，输入"ping 127.0.0.1"，正常返回数据包表明网卡没有问题。（适合现象 1～4）

（6）检查服务器 IP 地址是否被改动。打开命令提示符，输入"ipconfig"，检查 IPAdress 栏的 IP 地址是否与被分配网址一致。（适合现象 1～4）

（7）Web 服务器与信息安全Ⅱ区通信中断时，检查隔离装置是否正常。（适合现象 1）

（8）检查光纤收发器状态，确认光纤收发器或光纤是否有故障。（适合现象 3、4）

（9）检查从网调中心站到分中心站的主干网络通信是否正常。（适合现象 4）

（10）检查调度数据网交换机和路由器中路由配置及防火墙设置是否正确。（适合现象 4）

三、案例分析

案例 1-1-1：某值班员 8:30 对水库调度系统运行情况进行巡检时，发现机组出力数据长时间未更新，但是检查发现水位、水务计算等都有正常更新数据，于是进行如下检查：

（1）询问运行人员，得知有一台机组从上一日 22:00 进行调相运行，直到 8:00 才转发电运行，同时 8:00 又有 3 台机组发电运行。确认机组出力数据长时间不更新属非正常状态。

（2）到水库调度系统通信服务器上 ping 监控系统通信机和上级调度机构的通信机（ping 10.128.16.153 和 ping 10.128.7.0），发现均 ping 不通，但水库调度系统内各计算机网络通信均正常。确认水库调度系统与外界通信中断。

（3）检查水库调度交换机，无异常。

（4）检查光纤收发器，发现光纤收发器指示灯灭，检查光纤收发器电源，发现电源插口松动，重新插入启动，通信恢复。

【思考与练习】

1. ping 命令诊断网络故障的主要作用是什么？

2. 操作系统设置和安装问题是否也会导致网络故障？

3. 本单位最常见的网络故障是什么？试列出其故障检查顺序。

◢ 模块 2 网络计算机故障判断及排除（ZY5801901007）

【模块描述】本模块介绍网络计算机故障判断及排除。通过要点讲解、案例分析，掌握计算机常见故障判断和处理的方法。

【模块内容】

一、故障现象

（1）现象 1。计算机无法开机（开机无显示，电源指示灯不亮）。

（2）现象 2。计算机无法开机（开机后电源指示灯亮，"嘟嘟"两声后系统不启动）。

（3）现象 3。计算机无法正常启动，即计算机开机后，无法正常进入操作系统界面。一般有启动过程中死机、报错、黑屏、反复重启等。

（4）现象 4。计算机内存及 CPU 被程序大量占用资源，影响正常运行。

（5）现象 5。水库调度应用软件无法访问计算数据库或无法启动。

二、故障处理方法

遵循"先静后动、先软后硬、先外后内、先大后小""从整机到零配件（部件）、从部件到部位、从面（线）到点"的检查原则。

（1）对于现象 1，一般属设备电源或主板故障。

1）检查外接电源是否正常。

2）仔细听计算机主机散热扇的声音，无声音可初步确定为 ATX 电源或主板故障。

3）检查机房接地防雷措施是否完备，是否有引雷设备致使主板损毁。

4）拆开主机箱，检查各硬件设备是否有灼痕等物理损毁现象。

（2）对于现象 2，一般是内存条出现故障。

1）拆开主机箱，将内存条卸下，再重新装上。

2）重新开机后如现象没有消除，就需要更换内存条。

（3）对于现象 3，大多为软件故障引起，但也不排除因硬件有问题引起这类故障。归纳起来有 BIOS 设置、启动文件、设备驱动程序、操作系统/应用程序配置文件、电源、磁盘及磁盘驱动器、主板、数据线、CPU、内存、板卡等故障原因。

1）对 BIOS 的设置、系统文件的配置、设备驱动程序的安装、是否有病毒等方面进行检查。

2）检查 BIOS 设置是否被误修改，如磁盘参数、内存类型、CPU 参数、显示类型、温度设置、启动顺序等。

3）主板故障往往表现为系统启动失败、屏幕无显示、有时能启动有时又启动不了等故障现象。

a）关闭计算机电源。

b）查看主板积尘和表面氧化情况，尝试毛刷清除主板积尘，橡皮擦擦除接触不良部位的表面氧化层。

c）查看各电容、电阻引脚是否接触良好，各部件表面是否有烧焦、开裂的现象，各个电路板上的铜箔是否有烧坏的痕迹。

d）用手触摸一些芯片的表面，检查是否非常烫。

e）替换主板测试。

4）硬盘检测。

a）换 IDE 接头或数据线检测。

b）检查是否可访问启动分区。

c）添加正常驱动器，检查能否从正常驱动器启动。

d）更换硬盘测试。

5）显卡故障。

a）检查开机后是否会发出一长两短的蜂鸣声。

b）检查显卡与显示器之间的连接信号线是否接触不良。关机，重新拔插 VGA 连接插头，并仔细检查插针是否弯曲和变形、信号线是否折断等。

c）检查显卡与主板接触的接触，主板插槽有否变形。

（4）对于现象 4，一般为计算机感染病毒。

1）启动任务管理器［同时按住 Ctrl+Alt+Delete 键，点击"启动任务管理器（T）"］，查看是否有可疑进程大量占用 CPU 资源。

2）更新杀毒软件病毒库，断开故障计算机网络连接，全盘扫描计算机，清除计算机病毒。

（5）现象 5 的故障处理。

1）检查服务器的计算机名或 IP 地址是否被更改。检查服务器 ODBC 设置和 Oracle 数据库连接。

2）检查应用软件程序是否全部启动，是否有程序死机或已停止工作。

3）检查应用软件的配置文件是否被误修改。

4）重新启动服务器进行测试。

三、案例分析

案例 1-1-2：某值班员通过水库调度系统发水情短信息时，发现发送内容不正确，后进一步检查，发现水务计算数据长时间未更新。

（1）检查水库调度系统应用程序服务器运行正常。

（2）检查网络连接正常。

（3）检查与数据库的 ODBC 连接，发现连接不上，初步判断系不能正常访问系统数据库引起应用中断。

（4）进一步检查 ODBC 连接字符串，发现连接字符串设置含计算机名。

（5）检查计算机名称，发现计算机名与连接字符串中的名称不相符。（公司要求计算机统一命名规则和加强口令设置，前一日修改了计算机设置）

（6）修改字符串设置（用 IP 地址替代计算机名进行设置），连接成功。

【思考与练习】

1. 计算机故障排除为什么要坚持"先静后动、先软后硬、先外后内、先大后小"的原则？

2. 试述如何进行 ODBC 连接的建立及测试。

3. 本单位水库调度系统最常见的计算机故障是什么？试述其故障检查顺序。

第二章

数据监视与维护

 模块 1　遥测降水、水位数据的合理性判断
（ZY5801901002）

【模块描述】本模块介绍遥测降水、水位数据的合理性判断。通过要点讲解、案例分析，掌握遥测降水、水位数据合理性判断的方法。

【模块内容】

一、故障现象

（1）现象 1。水情遥测站报数间隔正常，但经核实存在"雨日无雨""水位拒变"现象。

（2）现象 2。水情遥测站"冒大数"，即瞬间降水量很大或水位瞬间跳跃。

（3）现象 3。水位值与人工观测值存在系统偏差。

（4）现象 4。出现降水"洼地"或"山峰"的现象，即某站一段时间以来，相较周边地区的降水，明显有降水偏少或偏多的非正常现象。

二、故障处理方法

（1）对于现象 1，通过水位实时过程线和流域等雨量线的监视，并辅助经验予以甄别。

1）监视发现水位（如 1h 以上）长时间成一直线时，可初步判断水位停测。

2）打开数据查询窗口，选取测站原始来报码，并选择对应的站点，始、末时间分别选取水位平直段的起始时间和当前时间，检查该时间段是否有原始来报码。若未查到原始来报码，则故障点是中心站或是水位站；若查到原始来报码，则故障可能是水位站水位计浮子被卡住或水位井进水口被堵塞。予以故障报修。

3）对停测时段内水位进行插补，插补方法有：

a）直线插补法。缺测期间，水位变化平缓，或虽变化较大，但呈一致的上涨或下落趋势，用缺测时段两端的观测值按时间比例内插。

b）连过程线插补法。缺测期间，水位有起伏变化，上、下游站区间径流增减不多、

冲淤变化不大、水位过程线大致相似，参照上、下游站水位的起伏变化，连绘本站过程线进行插补。

c）水位相关法插补。当缺测期间的水位变化很大，且本站与邻站的水位之间有密切关系时，用上、下游同时水位或相应水位点绘曲线进行插补。

4）若停测水位（如坝前水位）影响到水量平衡计算时，对停测段应重新进行水量平衡计算，修正计算值。

5）流域等雨量线明显反映个别测站降水测值不正常，周边测站降水量均较大，而某站无降水时，可初步判断某站出现故障。

6）检查测站原始来报码，若较长时间超过自报时段间隔，可能属测站的数传板、蓄电池、太阳能电池或通信信道等的故障，应报检。若原始来报码正常，应尽量了解到附近测站（如水利、气象部门或其他企业设的测站）是否有降水，若核实为测站故障，基本可判断为雨量筒的传感器（如翻斗感应不灵）或数传板电路故障，应报修。

7）对中断时段的单站雨量和面雨量进行插补。

a）取故障站址正常观测降水（如水利、气象部门测得的降水量）值替换。

b）根据地形等因素，利用周边站降水量进行逐时段进行插补，一般有平均值法、比例法或等值线法。

c）逐时段重新计算面雨量，更正系统面雨量数据。必要的时候需发人工更正电报或将更正数据上传到上级的水库调度系统。

（2）对于现象2，可通过水库调度水位实时过程线和雨量站原始来报码进行甄别。

1）监测到实时水位过程线出现突然跳跃时，可基本判定为"冒大数"。一种情况是原始来报码为误码；另一种情况是水位测站可能由于某种故障（如浮子被卡住），累积一段较长时间停测，后监测恢复正常，水位出现瞬间跳跃。

2）对于水位误报"冒大数"，应删除误报数，并对收其影响的水位值（如时段平均水位，最高、最低水位等）进行重算。

3）对于水位监测恢复正常的"冒大数"，应对停测阶段的水位值进行插补。插补方法可根据情况选用直线插补法、连过程线插补法和水位相关法插补。

4）若"冒大数"水位影响到水量平衡计算时，应重新进行水量平衡计算，修正计算值。

5）监测到雨量站雨量"冒大数"时（查看原始来报码的前后报码的累积雨量是否按起报量进行累加或实时雨量线显示短时内降水特别大），应对雨量进行修正或插补。

a）当核实为误报码时，应删除时段误报雨量，更新雨量数据。

b）当核实为雨量站停测（雨量筒下水口被堵塞）时，应逐时段修正降水量，但修正累计值应与"冒大数"值一致。

（3）对于现象 3，每日比对人工观测值和自动观测值，并绘于同一坐标轴上，当发现系统偏差时（长期、连续偏离人工观测值），应对自动测站基值进行修订。对系统偏离阶段的日水位值进行修订，必要时应重新进行水量平衡计算，以修订来水量等计算值。

（4）对于现象 4，可通过等雨量线进行监测、分析后确定。

1）通过等雨量线，历史观测值比较分析，以发现降水测站是否有 "洼地"或"山峰"等不正常现象。

2）利用同址或附近观测雨量，绘制降水量过程线，核查降水测值是否有"洼地"或"山峰"现象。

3）确认后，到降水遥测站进行人工比测，并对遥测雨量站进行校正，满足规范要求。

4）利用同址观测值替换原误测值，或利用周边站测值用平均值法、比例法或等值线法对误测值进行校正。

三、案例分析

案例 1-2-1：某遥测雨量站，由于电源原因从 6 月 25 日 8:30 开始未来数，经过抢修于 6 月 26 日 11:40 恢复正常。请插补故障期间的值。

（1）打开水库调度系统数据查询器，查得 6 月 25 日 14:00～20:00 流域普降暴雨，面雨量 62.8mm。

（2）分析得知故障站周边地势平坦，站址无其他降水测站资料可引用。本厂在周边建有四测站，距离基本在 20km 之内，历史降水资料显示四站降水时空有趋同性。

（3）摘录周边四站的降水资料，并采用平均法插补该站时段降水量，见表 1-2-1。

表 1-2-1　某遥测水文站周边四站 6 月 25 日 14:00～20:00 降水摘录表

时段	站 1 降水（mm）	站 2 降水（mm）	站 3 降水（mm）	站 4 降水（mm）	故障站降水（mm）
14:00～15:00	15	13	17	14	14.8
15:00～16:00	24	22	20	33	24.8
16:00～17:00	7	10	15	7	9.8
17:00～18:00	8	13	9	3	8.3
18:00～19:00	3	4	6	2	3.8
19:00～20:00	1	2	0	2	1.3
合计	58	64	67	61	62.5

（4）打开水库调度系统数据修改窗口，检索该站 6 月 25 日 14:00～20:00 的小时降水量资料，逐时段输入修订降水值。检索 6 月 25 日的雨量资料，修改该日的日雨量为62.5mm。

（5）向上级电力调度机构和主管单位人工补传期间的雨量资料。

（6）在值班记事本上记录上述情况。

【思考与练习】

1. 拟定本单位各雨量站的雨量插补方法，编制作业指导书。

2. 某大型水库坝前水位站，由于水位计浮子被卡住，致使该日 8:00 水位"冒大数"，经核实自上日 22:32 水位报 114.32m 后水位一直未变化，"冒大数"水位后上升到114.45m，期间未发生洪水，也未发电，请阐述处理过程。

3. 统计本单位近三年水位、降水数据异常情况，并拟定处理方法。

▲ 模块 2　水情数据合理性判断和处理
（ZY5801901008）

【模块描述】本模块介绍水情数据合理性判断和处理。通过要点讲解、案例分析，掌握水情数据合理性判断和处理的方法。

【模块内容】

一、故障现象

水情数据状态量规定采用 24h 数据，累计量或平均量规定采用 0:00～24:00 统计数据，日整编和上传到上级水库调度系统的数据包括面雨量（mm）、坝前水位（m）、来水量（$10^6 m^3$）、发电量（MWh）、发电水量（$10^6 m^3$）、单耗（m^3/kWh）、弃水量（$10^6 m^3$）、出库水量（$10^6 m^3$）、水库蓄能（MWh）、可调水量（$10^6 m^3$）。降水、水位数据的合理性判断和处理见本章模块 1。

（1）来水量长期出现负值。

（2）发电量与机组出力不匹配。

（3）发电水量违反常理的偏大或偏小，导致单耗异常高或异常低。

（4）未计算机组试验弃水，导致计算弃水量偏小。

（5）NHQ 曲线未率定，或直接应用厂家提供的机组 NHQ 曲线计算发电单耗，导致单耗偏小，出库水量计算值偏小。

（6）未按差积法拟定水库蓄能曲线，导致水库蓄能计算值偏大。

二、故障处理方法

（1）水库来水量计算需要使用时段始、末的水位进行推算，当每厘米水库容积远大于时段来水量时，容易出现水库来水量为负的计算值。

1）若是偶然出现负值，可画趋势线整编流量值，消除负值。

2）若长期或经常出现负值，调查分析水库淤积情况，检查是否由于库容曲线引起，复核库容曲线。

3）检查出库流量是否偏小（发电流量和泄洪流量等），导致计算的入库流量长期为负值，复核泄流曲线和耗水率曲线。

（2）将机组发电量和出力同绘于一张图上，检查线型是否匹配，是否有电量漏记。

1）以人工抄表值替换自动测得的电量值。

2）无人工抄表值时，坚持总量控制原则，按出力权重进行逐时段分配。

（3）发电水量违反常理的偏大偏小，一是可能漏记开停机状态，多计算空载耗水量或少计算时段发电水量；二是计算采用的 NHQ 曲线不准确。

1）电站下游设有水文站的，可采用控制水文站的水位流量曲线和机组出库流量曲线比较，以检查是否有计算发电流量偏大和偏小的情况。发现不相符时，要具体分析，是否有区间入流、下游水位顶托和出库流量是否稳定等原因。

2）检查水库调度系统的机组状态，并查看机组出力曲线，是否存在不匹配的情况。

3）检查电量是否与出力曲线不匹配的情况。

4）检查分析计算采用的 NHQ 曲线是否合理。

5）更正数据或重新率定 NHQ 曲线，重新进行水量平衡计算。

（4）机组试验弃水漏记。

1）根据生产计划及时掌握机组试验情况。

2）检查试验期间水库调度系统是否有试验机组的开停机记录。

3）补算漏记水量。

（5）水库蓄能计算值偏大。

1）检查是否存在水库可调水量除以发电单耗计算水库蓄能值的情况。

2）从死水位始，积分计算水库蓄能值。一般用差积法计算各水位对应的水库蓄能值，水位差根据兴利水头确定。

3）纵坐标为水位（基值为死水位），横坐标为水库蓄能值，重新拟定水库蓄能曲线。

三、案例分析

案例 1—2—2：某电站某日 8:00，5 台机组开始发电，由于监控系统原因，水库调度自动化系统 8:30 才收到机组出力数据，5 台机组开停机状态一直未收到。

（1）值班人员根据 9:00 的小时计算数据，发现电量数据与出力不匹配。

（2）检查抄表系统，确定电量抄表正常，为 450MWh。

（3）检查监控系统传输的出力数据和机组状态，发现机组状态均显示备用，出力在 8:30 才出现变化（前期出力数据显示机组在备用和调相）。

（4）查问运行值班人员，得知各机组状态变更具体时间，人工修改水库调度系统机组状态数据。

（5）重新计算 8:00～9:00 的小时水量平衡数据，发电流量从 0 m^3/s 更正为 677m^3/s。

【思考与练习】

1. 试述 NHQ 曲线的率定方法。

2. 为什么水库蓄能值要从死水位开始积分计算？

3. 造成出库流量误差的主要原因是什么？

第三章

水情自动测报设备运行监测

▲ 模块 1　遥测站网运行情况分析（ZY5801901003）

【**模块描述**】本模块介绍遥测站网运行情况分析、故障站点原因分析。通过要点讲解、案例分析，掌握遥测站网运行情况分析、故障站点原因分析的方法。

【**模块内容**】

一、故障现象

（1）系统报警测站电池电压太低。

（2）测站有定时报，但降雨不报数。

（3）测站有定时报，但水位变化不发送新数据。

（4）发信机无输出。

二、故障处理方法

（1）测站电池电压太低报警处理。

1）检查太阳能电池的充电电流，以判别太阳能电池板及隔离二极管是否损坏。根据太阳能电池的型号和功率等参数，检查太阳能电池输出电压和电流是否达到标定值（晴天时），若无输出，估计为太阳能电池损坏或连线断路；可用遮阳板覆盖太阳能电池受光面，检查输出电压是否小于蓄电池，充电电流有无反充现象可初步判别隔离二极管是否失效，拆下二极管用万用表检查其单向导电性。

2）检查蓄电池电压是否达到标定工作值，输出电流能否达到要求。用万用表电压挡测试，特别在电台发射时，蓄电池电压是否下降波动较大，波动较大，说明蓄电池性能下降，容量不足。

3）检查电台及数传仪的静态值守电流是否正常。检查时要等设备状态稳定后再读数判别值守电流是否在厂家设计值之内，若超过较大，则说明数传仪损坏，予以更换。

（2）测站有定时报，但降雨不报数的故障处理。

1）检查雨量计的干簧管是否损坏。首先检查外观有无龟裂破损，再用万用表测试其磁钢吸合导通情况。

2）检查磁钢与干簧管的位置是否太远，或磁钢已退磁。若干簧管正常，观察磁钢与干簧管的位置，太远时会出现吸合不到或有时吸合有时不吸合，调整磁钢距离时不能硬掰，根据雨量计说明书操作；若距离正常，检查磁钢磁性，若退磁，予以更换。

3）检查雨量计信号线是否开路或短路。直观检查信号线外保护层是否破裂，重点检查拐角和穿线孔处是否磨损和被小动物咬断，连接头进水等造成断路或短路。

（3）测站有定时报，但水位变化不发送新数据的故障处理。

1）检查浮子升降情况，判断浮子是否被卡住，分析是否由于测井有异物或淤泥影响浮子运行。

2）比对浮子上的读数是否与数传仪显示一致，判别是否机械编码出故障。

3）检查水位传输电缆线及插头插座，是否有松动断线、碰线短路等情况。

（4）发信机无输出的故障处理。

1）电源电压正常的情况下，电台测试发信机发射功率和驻波比。

2）检查频率设置及上电预热时间是否正确。

3）手机模块检查所在点信号强度，卡号有无欠费停机及模块有无损坏。

三、案例分析

案例1-3-1： 某水情系统在运行中，出现连续阴雨天气，多数测站运行正常，其中某测站显示低电压报警。

到测站检查发现蓄电池电压低于10V，检查太阳能电池板的隔离二极管损坏，引起蓄电池对太阳能电池放电。

案例1-3-2： 某测站运行中，出现晴天运行正常，下雨时测站有定时报，但无降雨数。

检查发现检查测站雨量计的翻斗翻动时未吸合，检查干簧管和磁钢均正常，经调整磁钢与干簧管的位置后正常。原因为磁钢与干簧管的位置太远引起吸合故障。

【思考与练习】

1. 如何进行遥测站的设置及功能检查？

2. 如何进行天线检查维护？

3. 太阳能电池安装应注意哪些事项？

4. 雨量计如何保养？

5. 如何检查干簧管并判别其好坏？

▲ 模块2　水情测报遥测站点故障判断（ZY5801901009）

【模块描述】 本模块介绍水情测报遥测站点故障的判断。通过要点讲解、案例分析，掌握遥测站点故障判断的方法。

【模块内容】

一、故障现象

（1）测站来数断断续续。

（2）遥测站降雨量与实际降雨量不符。

（3）遥测站水位数据与水尺实际读数不符。

（4）中继站经常低电压报警或经常表现蓄电池耗电过快导致站点停止工作。

二、故障处理方法

（1）测站来数断断续续处理。

1）电池质量差。检查蓄电池电压是否正常（在线检测法），用万用表电压挡测试，在电台发射时，蓄电池电压是否下降波动较大。

2）天馈系统问题。检查馈线是否被动物咬断等损坏；接头处是否进水而影响增益；天线方位角是否偏差或天线振子掉落。

3）发信机软故障。检查测试是否有电台功率下降、站点移动基站信号弱、附近有无线电磁干扰等现象，并进行相应检修。

（2）遥测站降雨量与实际降雨量不符故障处理。

1）雨量计测量比测精度不符合要求。调整雨量计底座为水平，用量筒模拟降雨，调整翻斗底部螺丝，校准雨量计测量精度至符合要求。

2）翻斗翻转次数与信号次数不合。重新调整磁钢与干簧管的位置，保证每翻转一次吸合一次。

3）雨量传输线绝缘不佳。检查信号芯线外皮绝缘以及插头座是否受潮，相应进行更换检修处理。

（3）遥测站水位数据与水尺实际读数不符处理。

1）水位误差超过正常范围。若测井淤塞，清理测井淤泥；若悬索受阻或变形，更换悬索。

2）水位数据差错。检查传输线是否断线或虚焊，连接重焊；检查是否属齿轮或编码开关故障，更换水位计。

3）数传仪的水位接口电路有问题。更换数传板或接口。

（4）中继站站蓄电池耗电过快故障处理。

1）检查太阳能电池的充电电流盘，判别太阳能电池板及隔离二极管是否损坏。

2）检查蓄电池组的质量。

3）检查电台及数传仪的静态是否正常；如异常，则更换功耗过大的设备或器件。

4）中继站是否经常收到同频的干扰信号。如存在干扰，则申请频道保护。

5）带有交流充电器的中继站判别充电器是否损坏。检查充电器输出电压电流。

三、案例分析

案例1-3-3：某测站汛前巡检几天后出现低电压报警，不久测站停报。

到站检查发现发信机（电台）处于开机状态，属耗电过大引起供电不足。调整为关机值守后测站运行正常。

案例1-3-4：某雨量测站下雨时测站雨量与实际相比偏少将近一半。

到站检查发现雨量计为双干簧管工作方式，其中一个吸合不良，检查为干簧管损坏，经更换干簧管后正常。

【思考与练习】

1. 中继站工作原理及主要功能有哪些？

2. 简述水位计的构造及原理。

3. 简述翻斗雨量计的构造及原理。

4. 简述数传仪的基本工作原理。

5. 遥测站常规测量及数值要求有哪些？

▲ 模块3　故障原因分析及处理（ZY5801902003）

【模块描述】本模块介绍网络和遥测设备故障的原因分析。通过要点讲解、案例分析，掌握网络和遥测设备故障原因的分析方法。

【模块内容】

一、事故现象

（1）测站停报。

（2）水文站无雨量，水位信息或雨量水位信息错误。

（3）中继站未转发数据。

（4）中心站接收不到水情数据。

二、事故原因分析

（1）测站停报故障原因。

1）电池电压太低。

2）发射机（电台、卫星、手机模块）问题。

3）同轴避雷器问题，天馈系统问题。

4）遥测数传仪问题。

（2）水文站无雨量，水位信息或雨量水位信息错误原因。传感器故障，更换传感器。

（3）中继站未转发数据原因。

1）发信机故障，由于电台及其天馈线损坏导致中继站水情信息无法发送。

2）供电故障，由于交流停电或不间断电源充电器损坏，引起蓄电池供电故障，导致低压报警和中继站水情信息无法发送。

3）数传板故障，由于中继站数传板损坏，导致水情信息无法接收和发送。

（4）中心站接收不到水情数据原因。

1）发信机故障，由于电台及其天馈线损坏导致中继站水情信息无法接收。

2）供电故障，由于交流停电或 UPS 不间断电源损坏，引起供电故障，导致水情信息无法接收处理和发送。

3）多路中心控制仪故障，由于中心控制仪损坏，导致水情信息无法接收。

4）服务器故障，由于服务器串口损坏或串口冲突，导致水情信息无法接收处理。

5）软件故障，由于软件运行故障，导致水情信息无法接收处理。

三、事故处理方法、步骤、事故处理注意事项

1. 测站停报处理

（1）电池电压太低。检查蓄电池质量；检查太阳能电池的充电电流，判别太阳能电池及隔离二极管是否损坏；检查发信机（电台、SMS 模块）及数传仪的静态电流是否正常；发现故障相应更换。

（2）发信机故障。频道及号码设置是否正确。电台用功率计检查，根据发射功率、反射功率、和驻波比判别电台、避雷器及天馈系统是否有问题，做相应更换。SMS 模块检查，SM 卡是否停用，安装是否正确，地点信号覆盖情况，模块上电工作是否正常，根据检查情况相应更换设备。

（3）数传仪故障。数传仪设置是否正确。检查连接线是否松动，观察上电工作情况，发现故障更换数传设备。

2. 传感器故障处理

（1）雨量精度不符合要求。

1）翻斗倾斜角度不对。利用调节螺钉，改变校正翻斗倾斜位置。

2）发信不正常。检查干簧管、磁钢及其相对位置。

（2）雨量计无信号输出。

1）干簧管损坏。更换。

2）干簧管、磁钢位置太远。移动干簧管位置，调整轴套位置，使干簧管和磁钢位置距离合适。

3）雨量线断或焊线脱落。连接重焊。

4）磁钢退磁。更换。

（3）翻斗次数与信号数不合。

1）导通次数多于翻转次数。干簧管、磁钢位置太近，引起干簧管常吸，移动干簧管位置。

2）导通次数少于翻转次数。干簧管、磁钢位置太远，移动干簧管位置，减少干簧管、磁钢距离。

3）翻斗翻转不灵活、翻斗轴向顶死、翻斗间隙太大导致翻斗滑出轴承。调节翻斗轴向间隙为 0.25mm 左右。

（4）水位误差超过正常范围。

1）测井淤塞。清理测井淤泥。

2）悬索受阻或变形。更换悬索。

3）水位数据差错。进行水位资料修正。

4）传输线断线或虚焊。连接重焊。

5）齿轮或编码开关故障。更换水位计。

3. 中继站故障处理

中继仪在转发数据时，应先听到接收机数据声，然后转发数据，此时中继线路板上的发光二极管转发指示灯和发信机控发指示灯同时闪亮一次。用另外一个接收机可以侦听转发的数据声；带有外加液晶显示器时，还可以观察接收或转发的数据。

非以上情形，按照下列顺序检查：

（1）用万用表检查确认电源线，线路板信号线连接正确，接触良好。

（2）若听不到接收的数据声，或液晶显示器看不到接收的数据，检查中继仪收发信机的频点，应与被转发测站对应；必要时更换收发信机。

（3）听到接收的数据声，但液晶显示器看不到接收的数据，表明中继板解调器有误，更换线路板。

（4）听到接收的数据声，液晶显示器看到接收的数据，看不到发送的数据，或线路板转发指示灯不闪亮，检查被转测站站号是否符合要求。

（5）接收到数据，中继板转发指示灯闪亮，而发信机不发数据，检查中继板与发信机之间的连接是否良好。

（6）若转发的数据声异常，调整天线位置。

（7）若在中继站周围能够收到转发数据，而下行远地中心站或中继站收不到数据，应重点检查系统天馈线，并测试收发信机发射功率以及系统驻波系数。

4. 收不到水情数据处理

（1）检查水情服务器运行是否正常。水情采集程序是否正常开启，检查服务器各模块是否正常打开（包括接收程序和串口），用测站发数检查服务器接收是否正常（短信可用手机发数）。

（2）若超短波无来数，检查电台工作是否正常（数声音初步判别），再检查中心控制仪工作是否正常，用设备更换法排除故障。

（3）若短信测站无来数，先确认模块串口是否打开，拨打号码检查短信通信，是否停机。若正常，可用手机发数是否收到的方法检查端口和连线和采集情况。

（4）同法检查测试卫星、GPRS等是否工作正常。若有故障，检查相应设备和端口。

（5）若只有水调系统缺少遥测数据，应检查水情测报系统遥测数据是否接收正常，以排除遥测站故障。再检查从水情采集服务器的转发程序和到水调通信服务器的串口线是否有故障，水库调度系统遥测采集软件是否运行正常。

（6）检查连线正常，可重启两端服务器或设备，再检查测试。

四、案例分析

案例1-3-5：某水情系统中心站接收测站传送的超短波水情数据和短信模块水情数据，在运行中，出现中心站仅超短波数据能正常接收，短信数据不能接收。

检查接收软件正常，短信接收模块及通信卡测试正常，再检查通信串口发现未启用成功，串口重启后正常。

案例1-3-6：某超短波中继站运行中，出现下属部分测站来数正常，部分测站缺漏数严重，部分测站不来数。

检查系大风导致天线方位角偏移，天线连接处松动，影响天馈增益。调整天线后设备运行正常。

【思考与练习】

1. 简述发信机的工作原理和设置要求。

2. 简述遥测站安装调试和检查要求。

3. 中心站水情设备包括哪些？

4. 如何检查中心站水情设备及软件运行情况？

5. 水情中心站的功能有哪些？

续表

名称	主要功能
云层信息	统计区域范围内的云团面积并显示高中低云比例
动画	各历史卫星云图连续播放
降水潜势	降水云系的面积和体积
增强显示	数据对比调色处理
云剖面	两点间的云垂直剖面分析
界值统计	统计区域范围内的各云温占总云量比例
测距	两点间的直线距离和地理距离
反照率	可见光的点和区反照率统计
台风路径	台风路径叠加分析
报警	可能发生恶劣天气时的自动短信报警

卫星云图的软件一般都有相应的菜单或工具栏，操作较简便，点击相应菜单或工具栏均能获取相应的云信息。为适合短期预报和临近预报，卫星云图软件一般定制有中小尺度云图信息。

卫星云图在分析浏览过程中，常用功能的具体使用操作见表1-4-2。

表1-4-2　　　　　　　　　　卫星云图常用的功能操作

名称	具体操作和功能
自动接收	自动接收处理，无需操作
单点降水	点击单点降水，跳出（云信息统计）对话框，在云图上鼠标移动任何一点，自动获得该点的经纬度位置以及云高，云厚，云顶温度以及该点的可能降水量等云信息
降水预估	点击降水预估，在云图上自动获得未来6h的可能降水量值和预测等雨量线
移动方向	点击移动方向，在云图上选择起始点和终点。分析两点间的方向
云层信息	点击云层信息，在云图上点击鼠标选定一个区域，统计选定区域范围内的高中低云比例以及总云量
动画	按住鼠标选取想要观察的连续的云图，然后点击云图动画
降水潜势	点击降水潜势，在云图上按住鼠标左键选择需要分析的区域，就是在统计框中显示指定区域的降水云系的面积，体积，云体含水量和最大可能降水量值
增强显示	点击增强显示，选择配色方案，根据不同的方案对卫星云图进行调色处理
云剖面	点击云剖面图，在云图上选定两点，拉一条直线，对话框显示两点间的经纬度位置上的对应云高和云温，从而分析两点间的云剖面图

续表

名称	具体操作和功能
界值统计	点击界值统计，在云图上点击鼠标左键拉一个矩形框，选定一个区域，用于统计区域范围内的各云温占总云量比例
测距	点击云距测量，跳出对话框以后，在云图上选取起点和终点，在统计框中获得起始点和当前位置的经纬度位置，以及两点间的直接距离和地理距离
反照率	在可见光中点击反照率，获得反照率
台风路径	在文件夹 TFPATH 按照格式编辑台风路径后，点击台风路径并选择相应台风路径文件后，进行台风路径和卫星云图的叠加
报警	自动短信报警，无需操作
漫游	在进行以上各项操作后，在云图上右键点击鼠标，云图还原或拖动云图
全屏显示	鼠标双击图片进行全屏切换

2. 操作注意事项

查看卫星云图时，应尽可能避免在卫星云图数据接收处理时进行查看操作，以免引起计算机系统繁忙而导致接收处理出错。

二、操作要求

下面以降水预估操作示意（见图 1–4–1）和水库流域潜在的最大降水量操作示意（见图 1–4–2）为例进行说明。

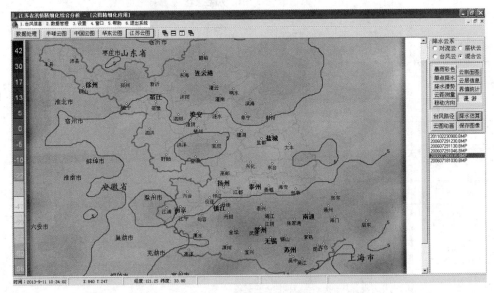

图 1–4–1　降水预估操作示意

　　为了掌握近期水库流域将发生的降水情况，点击"降水估算"按钮，软件调出水库流域降水预估显示图，通过图上显示的等雨量线分布形式，并结合其他预报工具，可对水库流域短期或临近降水作出预估。

　　为了掌握水库流域潜在的最大降水量，可通过查看降水潜势云图。通过降水潜势云图可了解降雨中心位置，最大可能降水量等信息。

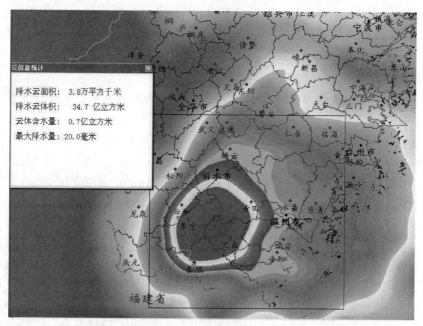

图 1-4-2　降水潜势操作示意

三、操作中异常情况及其处理原则

　　卫星云图系统常见故障有计算机系统故障、卫星云图软件运行故障和 USB 驱动丢失导致异常的故障。

　　（1）卫星云图数据接收处理计算机操作系统故障现象一般分两种情况，一种是操作系统本身感染病毒等原因造成的，需要重新安装操作系统；另一种是由于卫星云图接收的工作状态造成的，由于卫星云图的接收处理需要计算机 24h 不间断且长期工作，容易引起计算机的各项性能下降，重新启动计算机就能解决。

　　需要特别指出的是如果需要重新安装操作系统，需要断开和卫星云图接收设备的连接，等安装操作系统完成后再连接接收设备；如只需要重新启动计算机就能排除故障，则应在接收设备断电的情况下进行，等计算机启动完毕后再打开接收设备的电源。

（2）卫星云图接收处理软件运行故障，一般都是计算机操作系统错误引起。但也有由于病毒等原因而造成不能运行，因此需要做好备份。

（3）卫星云图的数据由数据采集卡通过计算机的 USB 接口连接至计算机，在突然断电、强制关机、不当操作等情况下会引起不能接收卫星云图数据。常见的有卫星云图接收设备的驱动被禁用或被提示错误，严重的会造成驱动程序丢失。在"我的电脑"—"管理"—"设备管理器"—"通用串行控制器"里找到相应的驱动程序，启动或重新安装驱动即可（卫星云图接收设备应处于断电状态下进行操作）。

四、案例分析

案例1-4-1：2011 年 7 月 3 日 15:00～21:30，成都市区共下了 230mm 的特大暴雨，造成巨大的损失。

7 月 3 日 12:00，监视到成都西南的泸定地区暴雨，见图 1-4-3；13:00，监视到对流云向成都方向移动，但成都还未降水，见图 1-4-4；15:00，监视到对流云发展已经影响成都，成都开始降雨，见图 1-4-5；16:30，监视到成都开始持续的罕见特大暴雨，见图 1-4-6；18:00，监视到对流云往南发展，成都雨势在转小，但降水强度依然较大，见图 1-4-7。本次降水至 3 日 21:30 结束，单点最大雨量 230mm。

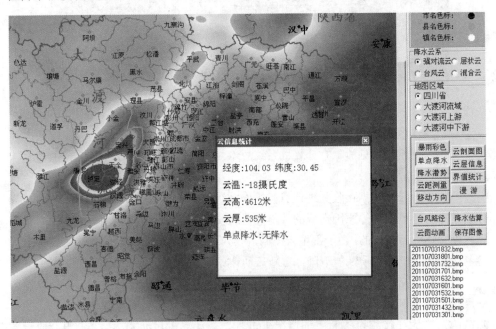

图 1-4-3 2011 年 7 月 3 日 12:00 单点降水监视图

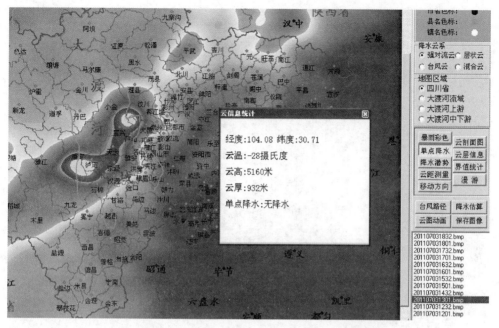

图 1-4-4　2011 年 7 月 3 日 13:00 单点降水监视图

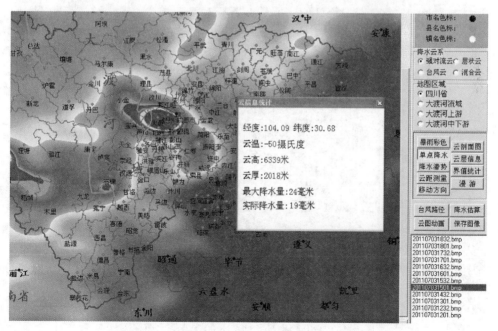

图 1-4-5　2011 年 7 月 3 日 15:00 单点降水监视图

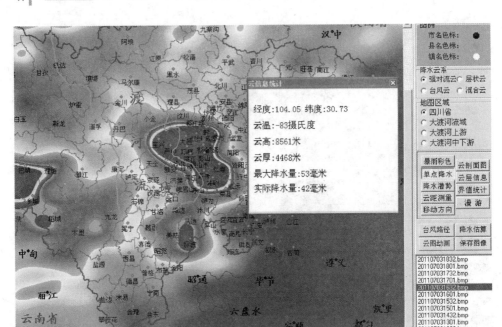

图 1-4-6　2011 年 7 月 3 日 16:30 单点降水监视图

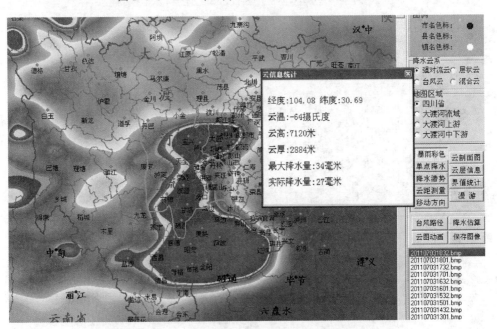

图 1-4-7　2011 年 7 月 3 日 18:00 单点降水监视图

本案例表明：科学合理利用卫星云图分析水情，可在降水未发生时就提出预警和做好抗灾准备，减少灾害损失。

【思考与练习】

1. 请指出图1-4-8中最可能降水区域在哪里。

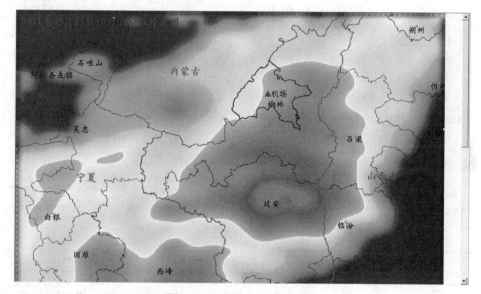

图1-4-8　思考与练习1题图

2. 我国有很多气象农谚，结合实际谈谈怎么理解经验预报法。

3. 卫星云图接收设备的硬件指标都正常，可是不能接收，怎么办？

4. 台风是我国经常遭受的自然灾害之一，为什么对流云天气也能造成巨大的灾害？对流云天气的特点是什么？

5. 卫星云图在天气预报中的主要作用是什么？

▲ 模块2　气象台（站）降雨预报信息收集（ZY5801902001）

【模块描述】本模块介绍流域有关气象台（站）降雨预报信息收集。通过要点讲解、案例分析，掌握有关气象台（站）降雨预报信息收集的方法。

【模块内容】

一、操作原则及注意事项

1. 操作的一般原则

（1）气象预报按预见期可划分为长、中、短期。长期预报一般指预见期10天以上，一个月、一季甚至一年的天气预报；中期预报指预见期为 3～10 天的天气预报；短期预报一般指预见期在 3 天以内的天气预报。

（2）在中长期气象预报的基础上应进行中长期来水量预报，来水量预报需在考虑流域降水–径流统计规律的基础上再作细致分析。

（3）中长期预报的目的是增强水库调度的预见性、计划性和主动性，从而较合理地安排水库蓄水和用水，减少水库弃水量，更好地发挥水库综合利用效益。

（4）气象台（站）预报信息可通过与气象台签订专业服务提供，具体收集形式可双方约定，如传真、E–mail、电话、网站等。

（5）收集齐气象台（站）的气象预报后，根据需要进行分析汇总，必要时报厂防汛办公室，以确定是否进行发布。

（6）发布降水预报可发布定量或定性值，降水的定性预报和定量预报对应关系见表 1–4–3。

表 1–4–3　　　　　　　　　定性预报和定量预报对应关系表

雨量分级	12h 降水量（mm）	24h 降水量（mm）
小雨	0.1～5	0.1～10
中雨	5.1～15	10.1～25
大雨	15.1～30	25.1～50
暴雨	30.1～70	50.1～100
大暴雨	70.1～140	100.1～200
特大暴雨	>140	>200

2. 操作注意事项

（1）当预报值与实况值偏差较大，且降水还将继续时，应及时联系气象台（站），滚动修正预报值。

（2）降水发布可发布综合预报值，也可将收集的预报值罗列发布。

（3）遇恶劣天气（如台风等）或防汛形势紧急，应加密联系气象台（站），获取最新的天气预报。

二、操作要求

（1）根据值班要求，及时浏览卫星云图、气象预报分析系统、中央和地方的气象预报网站，掌握本流域天气发展形势和天气预报。

（2）获取合作气象台（站）的气象预报。

（3）若要参加气象会商预报，做好会商准备，会商会上发表预报意见。

（4）重要天气情况要及时汇报厂防汛办公室，必要时系统内发布预报。

（5）气象综合预报要充分分析不利因素，为防汛安全留有余地。

（6）以综合预报为依据进行水库来水预报，进行水库调度计划安排。

三、操作中异常情况及其处理原则

（1）专业台站未能及时提供预报，但防汛决策需要气象预报。

1）尽可能联系气象台站，获取预报值。

2）不能获取时，尝试查获网络发布的预报值，如地方省、市台和中央气象台发布的预报，并进行流域综合（流域可能跨省市）。

3）尝试自己分析和预报。

4）提供预报分析报告。

（2）预报与实况相差悬殊。

1）分析造成预报与实况相差悬殊的原因。

2）及时进行更正预报。

3）汇报电力调度，请求重新安排水库调度计划，科学合理调度水库。

四、案例分析

案例1-4-2： 某水库水位即将达到汛限水位，防汛指挥部要求立即收集气象预报，为水库的后期调度决策提供依据。

（1）联系气象台（站），收集预报值。

（2）浏览网站，收集中央气象台、流域所涉省、市、县气象台发布的预报。

（3）有关人员立刻进行会商，讨论近期天气发展情况和预报不确定性因素。

（4）编写预报分析报告，提供预报值，并进行模拟洪水预报，提供水库调节计算方案。

【思考与练习】

1. 收集气象台预报结果时发现各气象台预报结果相差很大，如何处理？

2. 气象台预报未来24h有大到暴雨，指的实际降水量是多少？

3. 气象预报预见期取舍是否与水库调节性能有关，试述理由。

第五章

水库调度报表处理

▲ 模块 1　各种报表打印（ZY5801901005）

【模块描述】本模块介绍水调系统各种报表打印。通过要点讲解、案例分析，掌握水调系统各种报表打印的方法。

【模块内容】

一、操作原则及注意事项

1. 操作的一般原则

（1）报表打印根据需要（如存档等）进行，报表的内容（包括数据格式）和排版应满足规范要求。

（2）归档报表应确保油墨清晰，且报表数据须经过整编，相关人员在打印纸上签字确认。

（3）归档报表应符合存档要求，包括分类、装订和排列等。

2. 操作注意事项

（1）定制报表一般按照一定的纸型定制格式，打印前需确认打印机进纸是否为定制纸张型号。

（2）执行打印前，需要在"打印"对话框中选择正确纸型，份数和进纸方向等，并尽可能执行"打印预览"，浏览打印效果。

（3）在打印文档的时候，不要使用厚度过高的，有皱纹、折叠过的打印纸。

（4）打印机在打印的时候勿搬动、拖动和关闭打印机电源，以免卡纸。

（5）打印纸及色带盒未设置时，禁止打印。打印头和打印辊会受到损伤。

（6）请勿触摸打印电缆接头及打印头的金属部分。打印头工作的时候，不可触摸打印头。

二、操作要求

（1）水调系统定制报表非常丰富，包括日雨量、月雨量、水位、水务计算等报表。执行报表打印时，应调出相应的报表并提取数据。系统未定制该类报表时，应通过数据查询工具查询到相应报表数据后填充报表。

（2）报表数据需按相关规范进行校核。

（3）一般，水调系统应用软件自带打印报表功能，选中报表后务必确认时间，然后提取数据，再点击工具栏"打印"按钮或菜单条的"打印"即可。

三、操作中异常情况及其处理原则

（1）打印异常一般有系统提取不到打印数据，系统打印机无法打印和应用软件损坏导致无法打印。

（2）系统提取不到打印数据时，可尝试将空表格导出为 Excel 等格式，然后从其他途径查询到对应数据，人工填充表格信息，调整表格格式，符合要求后打印。

（3）打印机无法打印时，首先尝试修复打印机，不能修复时，提取表格数据并转存为 Excel 等文件格式，调整表格格式符合要求后转到正常打印机打印。

（4）应用软件损坏，无法查询表时，首先尝试重装应用软件，修复系统；无法立刻修复时，按要求用 Excel 等软件重新制作报表，直接到数据库检索数据填于表格后执行打印。

（5）打印机产生发热、冒烟、有异味、有异常声音等情况，应马上切断电源，并联系信息人员。

四、案例分析

案例 1-5-1：简述打印 2013 年 7 月某电厂水库运行报表操作流程。

（1）调出水库运行月报表，报表时间更改为 2013 年 7 月，并提取计算数据，见图 1-5-1。

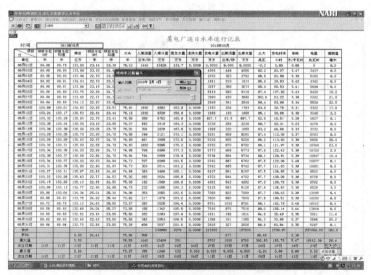

图 1-5-1　2013 年 7 月水库运行表

（2）点击工具栏的"打印"按钮（或鼠标停留在表格上，右击，弹出快捷菜单，选择"打印"），选择单页，并选中水平对中复选框，后点击"预览"按钮，查看打印效果，调整左、右、上、下边距（本案例中均设为0），直至效果满意后按"打印"按钮，见图1-5-2。

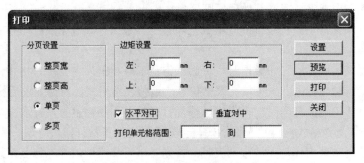

图1-5-2　水库调度系统打印对话框

【思考与练习】

1. 水位、雨量、流量、水量和水库容积的数据精度是怎样规定？

2. 打印机故障不能打印报表时，如何进行处理？

3. 简述本厂水务归档报表的要求。

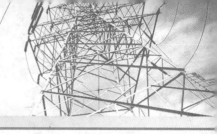

第六章

上、下游水情监视

▲ 模块1 水库上下游水情数据分析（ZY5801901006）

【模块描述】 本模块介绍水库上下游水情数据分析。通过要点讲解、案例分析，掌握水库上下游水情数据分析的方法。

【模块内容】

一、水库上下游水情数据内容

（1）包括坝上水位、坝下水位、上游入库控制站水位实时数据；各遥测雨量站降雨量实时数据。

（2）密切监视上下游水情数据，发现问题，及时分析、处理。

（3）常见问题。

1）无数据。

2）数据偏小。

3）数据偏大。

4）数据不变。

5）数据突变。

二、上下游水情数据分析方法

1. 对比分析法

（1）通过与正常数据（情况）比较，找出问题。

（2）与周围站数据比较，找问题。

2. 排除法

上下游水情数据出现问题无非是采集、传输、接收、处理、电源几个环节，逐一排查、排除，就能找到问题。

三、注意实践经验的积累

每一次数据分析都是一次积累经验的过程，经验多，技术水平自然会提高。

四、案例分析

案例1-6-1: 某日,某电站水库水位显示牌突然无数据,用排除法分析可能原因:

(1) 采集部分故障。

(2) 通信中断。

(3) 电源故障。

(4) 显示牌故障。

经过逐一排除,最后发现是显示牌故障造成。

【思考与练习】

1. 水库上下游水情数据内容包括哪些?

2. 水库上下游水情数据有哪些常见问题?

3. 简述上下游水情数据分析的几种方法。

▲ 模块2　水库上、下游水情数据的判别和处理
(ZY5801902002)

【模块描述】本模块介绍水库上、下游水情数据的判别和处理。通过要点讲解、案例分析,掌握水库上、下游水情数据判断和处理的方法。

【模块内容】

一、判断分析

(1) 坝上、坝下、上游入库控制站水位数据不正常的判断分析。

1) 无数据。可能是采集部分故障,或者通信中断。

2) 数据偏小。水位计出现系统偏小误差。

3) 数据偏大。水位计出现系统偏大误差。

4) 数据不变,一条直线。可能是水位计卡住,或者通信中断。

5) 数据突变,大起大落。可能是随机信号、误码。

(2) 遥测雨量站降雨量数据不正常分析。

1) 无数据。周围其他站点都有降雨量数据,唯独某一个站没有数据。一是没有下雨,可以打电话与看管户联系,询问是否下雨;二是站点故障;三是通信故障。

2) 数据比周围站点明显偏小。可能是树叶、蜘蛛网、灰尘等把进口筛网堵塞,或者采集系统出问题。

3) 数据比周围站点明显偏大。一是局地降雨;二是当地的特殊地形,有利于降水,比如喇叭口地形等;三是暴雨中心位置;四是采集系统出故障。

4) 数据不变。在下雨,而数据不变,可能是接收软件出现问题。

5）数据突变。降雨量数据突然增大很多，一是局地暴雨；二是软件出现问题。

二、处理办法

（1）分析可能的原因后，能在中心站解决的就在中心站解决。

（2）对于不能在中心站解决的问题，应及时到现场进行处理。

三、注意实践经验的积累

对每一次发现问题、分析问题、解决问题的过程进行记录，便于快速解决问题，同时为日后的设备更新和技术改造提供依据。

四、案例分析

案例1-6-2：某水库流域某站降水量一直比其他站大很多，处理过程如下：

（1）开始时检查了采集、发射、接收等部分，没有发现问题。

（2）对比当地其他单位的测站雨量值，两者接近。

（3）了解当地情况，由于受海拔高度和地形的影响，降雨量始终比其余地方偏多。

（4）找到问题，不是因为测站，而是自然降雨量大。

（5）建议代表性不好的站应该迁移或者撤销。

【思考与练习】

1. 如何进行坝上、坝下及上游入库控制站水位数据的判断分析？

2. 如何进行遥测雨量站降雨量数据的判断分析？

3. 如何进行水库上、下游水情故障处理？

第二部分

发 电 调 度

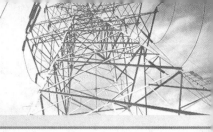

第七章

中长期来水预报

▲ 模块 1　旬、月、季、年来水预报编制（ZY5802001001）

【模块描述】本模块介绍旬、月、季、年来水预报制作。通过要点讲解、案例分析，掌握旬、月、季、年来水预报制作的方法。

【模块内容】

一、中长期来水预报方法

通过旬、月、季、年预报要素与预报因子的关系或者预报要素自身的演变规律得到不同的预报方法，每一个方法都会得到一个预报结果。

1. 历史演变法

1951 年气象学家杨鉴初先生提出"历史演变法"，即用气象要素的历史演变规律做中长期天气预报的方法，对我国气象台站的中长期预报起到了重要推动作用。

在水文上就是利用水文要素历史演变曲线（过程线）的外形特征来作中长期预报的方法，历史演变法对于预报人员的经验要求较高。

历史演变法包含两个基本假设：

（1）流量（降水）包含一切；

（2）历史往往重复发生。

任何一个水文要素的长期记录中包含所有的影响因素，反映该要素全部的历史变化。利用预报要素的历史演变过程线的外形特征，找出该要素的历史演变规律，即可利用这些规律进行预报。

"历史演变法"问世 60 多年来，随着资料的不断积累、预报人员经验的不断增加，经实践证明，该方法仍然是目前最好的中长期预报方法之一。

2. 太阳黑子相位分析法

太阳黑子是太阳光球上的暗黑斑点，太阳黑子活动即太阳黑子的大小和数量随时间发生变化的过程。作为太阳活动的一个指标，太阳黑子相对数（一般用 R 表示，无量纲）资料历史悠久、数据准确。经过全世界成千上万天文工作者的辛勤观测，太阳黑子相对数资料从 1700 年开始，至今已 300 多年，是最宝贵太阳活动资料。太阳黑子相对数越大，表示太阳活动越强烈；太阳黑子相对数越小，表示太阳活动越微弱。一般绘成年太阳黑子相对数曲线，在曲线高峰处的年份称为太阳黑子活动的峰年（即 M 年）；在曲线低谷处的年份称为太阳黑子活动的谷年（即 m 年）。研究表明太阳黑子活动具有奇妙的周期性规律，即平均为 11 年的周期变化，同时还具有平均为 22 年的磁周期变化。为了研究方便，将从 1755 年（谷年）开始的太阳黑子活动周期定为第 1 周期（简称第 1 周），依次排序，并将序号为单数和双数的活动周分别称为单周和双周。

"万物生长靠太阳""地上的事，天上的理"。太阳是离地球最近的恒星，是空气、陆地和海洋加热的主要能源，也是大气运动和洋流的原动力，太阳辐射的变化必然引起气候的改变，即地球上一切重大自然现象的发生和发展都与太阳活动都有着密切的关系。太阳黑子活动深刻地影响着地球上旱涝灾害的发生和变化，也是影响水库来水的重要因素之一。

尽管到目前为止太阳活动如何影响水文现象的物理机制尚未研究清楚，但大量的分析表明，太阳活动增强与减弱，不但大气环流随之增强与减弱，而且大气环流形势发生相应改变，各种水文要素也发生相应变化。

以丰满水库为例，研究表明，太阳黑子相对数与丰满水库来水总体上呈现反比关系，即太阳黑子相对数越小来水越大。同时发现大水年集中在 3 个相位上（高发期）：峰年附近（$M-1$、M 年，头顶上）、峰后（$M+3$、$M+4$ 年，右肩膀）和谷底（$m-1$、m 年，右脚下）。

由于峰、谷年事后才能确定，年初并不知道，所以这种方法只是高发期的大致判断。即到了大洪水的高发期，具体当年是不是大水年要结合其他指标才能确定；但是方法直观、好掌握，结合其他指标，对于大水年的预报有着重要意义。

"以极值报极值"的思路非常重要，1933 年以来丰满水库年来水量排在前 10 位的年份依次是 1954 年（m 年）、1986（m 年）、1956（$M-1$ 年）、1953（$m-1$ 年）、1995（$m-1$ 年）、1964（m 年）、1960（$M+3$ 年）、1971（$M+3$ 年）、1957（M 年）、1941（$M+4$ 年）。10 年中出现在谷年及谷前一年（$m-1$、m 年）的有 5 年，相对集中；出现在峰年附近的（$M-1$、M 年）有 2 年；峰后（$M+3$、$M+4$ 年）的有 3 年。所以，当太阳黑子数出现极小值或极大值时，丰满水库的来水就可能出现极大值。

3. 秋季指标法

我国北方河流有"秋后雨水多，来年淹山坡"的谚语，说明秋后降水与次年的来水有一定的关系。点绘丰满流域西太平洋副高脊线（12+1 月）、9～10 月降水量、年径流量点聚图（见图 2-7-1）。大水区位于上部一条带和点聚图的右下部，即副高脊线数值为 32、33 的一个条带以及上一年 9～10 月丰满流域平均降雨量大于 120mm 的右部区域。年径流前 10 位的特丰水年、11～17 位的丰水年都在这两个区域内（1972 年排在 20 位，也用灰色框标注）。

年初收到预报因子资料后，把新的数据点据补上，结合周围数据点的实际来水情况，根据不同的区域进行预报。

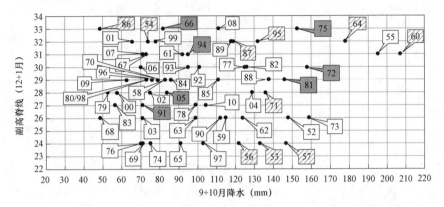

图 2-7-1　副高脊线（12+1 月）、9+10 月降水、丰满年径流点聚图

4. 春汛指标（5 月来水量追踪）

丰满流域春汛和夏汛在时间上前后相连，天气系统上前后承替，来水上存在着密切的联系。如果春汛流量大，说明前期的大气环流形势有利于降水；汛前土壤含水量大，夏汛在同样降雨的情况下来水要多。水库的年径流按照本身的规律运行着，1～5月累计来水量是这段时间内各种影响因素综合作用的结果，5 月下旬流量既反映了春汛期的来水情况，也代表了汛初土壤含水量情况。因此认为，在两个 1～5 月累计来水量、5 月下旬流量相近的年份，两年的全年来水量也是相近的。

点绘丰满水库 1～5 月累计来水量、5 月下旬流量、年径流点聚图（见图 2-7-2）。丰满水库自 1943 年开始有预报要素的资料，年径流排在前 10 位的年份依次为 1954、1986、1956、1953、1995、1964、1960、1971、1957、1987 年（图中斜线框标注），第 11～17 位依次为 2005、1951、1994、1973、1981、1991、1966 年（图中灰色框标注），这 17 年的来水频率均小于 25%（1965 年排在 30 位，也用灰色框标注）。

大水区位于两条红线之间的带状范围内。年径流前 10 位的特丰水年中，有 9 年位于其中，占 90%；年径流前 17 位中，有 13 年在大水区内，占 76.5%。

使用时只要补充上新的数据点据即可分析预报。

这是按照年径流自身的演变规律来进行预报的方法，简单实用，对丰水年、平水年、枯水年都有效，且物理意义明确，具有较高的预报精度。每年的 6 月 1 日即可使用。

这种方法是在 5 月春汛过后，对全年来水情况再进行一次预报，也称为"5 月来水量追踪"法。

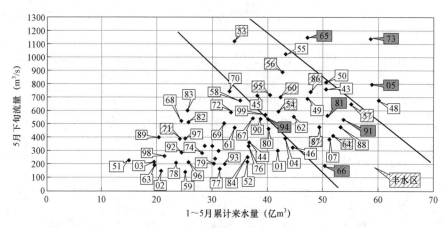

图 2-7-2　　丰满 1～5 月累计来水量、5 月下旬流量、年径流点聚图

5. 宏观异常现象和谚语

宏观异常现象和谚语是不同的。宏观异常现象一般指在上年秋季到当年夏初以来，流域内发生的与最近几年甚至十几年来都不同的水文气象异常现象，是大家都能感受到的，如降水、降雪、气温异常等。

这些宏观异常现象从一个侧面反映了当年的气候特点，是长期预报的重要前兆。

"看到异常就找相似年"。只要留心就会发现，每年都会有与其他年份不同的宏观异常现象出现，通过历史资料的相似分析，就可以找到相似年，做出当年的来水预报。

宏观异常现象还包括天文因子异常、前期高空环流形势异常、海温异常等。宏观异常现象可以做长中短期预报。

宏观异常现象包括所有的因子，即选作预报的因子和没有选作预报的因子。不管哪方面出现异常情况，都可以看作是发生了宏观异常现象。

举例：暴雪宏观异常现象。

2007 年白山流域春季降水出现了异常。3 月 4（正月十五）～5 日，江淮气旋北上与贝加尔湖强冷空气遭遇，白山流域普降大到暴雪，流域平均降水量 38.9mm，为有实测资料以来的 3 月同期最大降水。

历史相似资料：

1999 年 3 月 4（正月十七）～5 日，白山流域普降大到暴雪，流域平均降水量 14.9mm。

2007 年 3 月 4（正月十五）～5 日，白山流域普降大到暴雪，流域平均降水量 38.9mm。

1999、2007 年的春汛流量、全年流量很接近，分别是 457、431m³/s 和 183、190m³/s。

2007 年与 1999 年在发生时间和天气过程上具有相似性：

（1）时间相似。1999 年 3 月 4（正月十七）～5 日，2007 年 3 月 4（正月十五）～5 日。

（2）天气过程相似。均为暴雪。

如果用 1999 年数据预报 2007 年，则春汛流量和全年流量都非常接近。这就是重视宏观异常现象的原因。

谚语是历史经验的总结，多年积累起来的适用于丰满流域的谚语有"秋后雨水多，来年淹山坡""冬寒夏涝""5 月冷，6 月热，7 月 8 月大雨落""春汛大，夏汛大，春汛不大不用怕""春天柳树流水，夏季水大""蝴蝶成堆不散，夏季水大""七月十五定旱涝，八月十五定收成""大旱不过五月十三"。

二、旬、月、季、年来水预报制作

把不同的旬、月、季、年预报结果综合起来即可得到中长期来水预报成果，包括定性预报、定量预报两部分。

定性、定量预报成果一般采用两种方法表述：

1. 典型年（或代表年）法

如 2013 年白山水库丰水年预报成果表述为：白山水库 2013 年来水预报为丰水年，相似于 2010 年（2010 年为丰水年的典型年）。在使用时就可以用 2010 年实测资料来作为预报数据。

2. 相似年法

如 2013 年白山水库丰水年预报成果表述为：白山水库 2013 年来水预报为丰水年，相似于 1953 年（预报因子与 1953 年相似的多）。在使用时就可以用 1953 年实测资料来作为预报数据。

旬来水预报属于中期预报，一般在旬末做出下一旬的预报；月、季、年来水预报属于长期预报，一般年份在 3 月做出，并根据春汛来水情况及预报因子变化情况在 6 月初做一次修正预报。

长期跟踪滚动预报是必要、可行的，实践证明是有效的。

三、案例分析

案例 2-7-1：2013 年某电站水库中长期来水预报。

2013 年进行了 2 次中长期来水预报，第一次 3 月 15 日，第二次 6 月 24 日。以下是 6 月 24 日的预报实例：

（1）从周期性来看，相似于 1963 年，偏丰水年。

（2）从随机性来看，相似于 1981 年，丰水年。

（3）从前兆来看，相似于 1953 年，丰水年。

（4）2013 年 1～6 月累计来水量为历史第 3 位，与 1973、1981、1956、1953 年相似，这 4 年来水量最大为 1953 年，最小为 1973 年，考虑 2013 年春季及夏初当地出现了谚语"柳树下雨发大水；5 月冷，6 月热，7 月 8 月大雨落"前兆，选定 1953 年为相似年。

（5）综合预报。2013 年某电站水库来水为丰水年，相似于 1953 年（见表 2-7-1）。

（6）实况检验。正确。

（7）正因为有了准确的长期预报，2013 年某电站水库调度取得了巨大成功，发电量创历史新高，成为水库调度的经典案例。

表 2-7-1　　　　　　　2013 年某电站水库来水中长期预报表

原理	主要预报方法	定性预报						综合预报	
		1–丰	2–偏丰	3–平水	4–偏枯	5–枯	相似年	定性	定量
周期性	10 年周期（三峰三谷走 10 年）						1953、1963 年	2–偏丰水年，相似年为 1963 年	年流量 270m³/s
	19 年周期（农历 19 年 7 闰）						1994 年		
	53 年周期（可公度网络图）						1960 年		
随机性	前一年 8 月极涡面积指数						1981 年	1–丰水年，相似年为 1981 年	年流量 273m³/s
	副高脊线–年黑子数–年来水量点聚图						1985 年		
	副高脊线–秋后降水–年来水量点聚图						1981 年		
流域性（前兆）	太阳黑子相对数（历史演变）						1972 年	1–丰水年，相似年为 1953 年	年流量 325m³/s
	春汛预报夏汛						1953 年		
	宏观异常现象								
	谚语						2010 年		
综合预报成果							1953 年	1–丰水年，相似年为 1953 年	年流量 325m³/s

【思考与练习】

1. 如何应用太阳黑子相位分析法进行中长期来水预报？

2. 简述历史演变法的基本预报思路。

3. 怎么做中长期来水修正预报？

▲ 模块 2　预报因子的挑选（ZY5802002001）

【模块描述】本模块介绍预报因子的挑选。通过要点讲解、案例分析，掌握预报因子挑选的方法。

【模块内容】

一、预报要素与预报因子

（1）预报要素。是中长期预报的预报对象，包括不同时段的流量、降水以及洪峰洪量等。

预报要素资料系列包括旬、月、季、年流量资料系列、降水资料系列、洪峰洪量资料系列（含历史调查洪水资料）。

（2）预报因子。是对预报要素有影响并用来对其进行预报的因素，包括天文、大气环流、水文、地理环境因素等。

预报因子资料系列包括太阳黑子资料系列、月球赤纬角资料系列、74 项环流特征量资料系列、海温资料系列等。

由于中长期预报预见期长，需要研究大的水文周期，还要包括一些天文周期在内，所以预报要素与预报因子资料系列应尽量完整，时间跨度越长越好。

二、预报因子的挑选

挑选预报因子首先应着眼于物理考察，力求了解影响预报对象的各种物理过程、预报因子与预报对象之间的物理联系，使预报方法建立在比较可靠的物理基础上。在物理考察的基础上，还要进行统计考察，使挑选出来的因子符合数理统计中的一些原则，如预报因子与预报对象的相关要显著，而因子与因子之间的相关要小，以保证因子之间能相互独立，避免采用一些作用重复的因子等。

三、挑选预报因子的考虑途径

从水文现象的周期性（天文因子）、随机性（下垫面、大气环流因子）和流域性（前期水文气象特征、前兆）三方面来考虑。

1. 从天文要素方面考虑

"地上的事，天上的理"。太阳辐射是大气运动的能量源泉，如果太阳活动有较长时期的变化，就会引起大气运动较长时期的变化，从而影响水文周期的变化。天文现象具有明显的周期性，可能是导致水文现象周期性的原因之一。天文要素包括太阳黑子相对数、月球赤纬角、太阳辐射、天体运行周期、日月地三球关系等。

2. 从下垫面的影响考虑

太阳辐射虽是大气运动的能量来源，但是大气主要通过下垫面的长波辐射获得能量，因此应该考虑地球下垫面能量的储放对长期大气运动的影响。预报因子有海洋状况、海温、高纬度的冬季积雪、青藏高原的热状况以及深层地温的变化等。

3. 从前期大气环流形势方面考虑

预报要素的长期变化主要决定于降水的长期变化，而降水总是与一定的环流形势联系在一起的。特别是某一地区出现异常的持久旱涝，总是大气环流出现反常的结果，而且这种反常环流十分稳定，且可长期维持。大范围环流异常的形成必有一个在时间和空间尺度上的发展过程，抓住这类指示旱涝前期环流特征的指标非常重要。预报因子主要有74项环流特征量。

4. 从前期水文气象要素来考虑

一个地区前期水文气象要素的观测值是前期环流形势的一定反映。某一地区被一种天气系统长期控制时，单站水文气象要素的变化曲线也能在一定程度上反映出环流的异常，而且还可以反映出在大范围环流形势下的一些局地特点。

预报因子主要有前期水文气象要素的连续观测值及其异常情况、前兆、流域的宏观异常现象、符合当地实际的谚语、民间看天看水经验等。

四、预报因子的统计筛选

1. 相关系数分析

相关系数是用于计算两个随机变量 x 与 y 之间线性相关程度是否密切的一个指标，在水文中长期预报中经常用于考察预报因子。需要指出的是，尽管两个随机变量之间的线性相关不好，但不能排除这两个变量之间非线性相关很好的可能性。

2. 相关曲线分析

预报指导思想是"以极值报极值"，即以预报因子的极值预报出预报要素的极值，不同于常规的数理统计方法。

点绘预报因子与预报要素的时间过程线，对比分析两者的对应关系，特别注意丰枯极值情况下的对应关系。找到规律以后，对于预报丰枯极值效果较好。

五、案例分析

案例2-7-2： 某电站水库年流量与太阳黑子相对数曲线。

点绘某电站水库年流量与太阳黑子相对数曲线（见图2-7-3），明显看出两者存在反比关系，即太阳黑子曲线的谷底与丰水年对应。仔细分析，在太阳黑子谷及谷前 1年、峰后3年的相位与丰水年对应的概率更大，这样对于丰水年的预报就会有一个趋势上的把握。

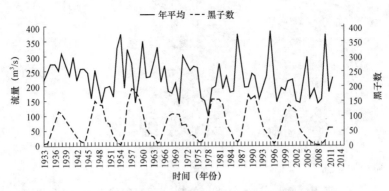

图 2-7-3 某电站水库年流量与太阳黑子相对数过程线

【思考与练习】

1. 什么是预报要素、预报因子？两者的关系是什么？

2. 预报要素、预报因子为什么系列越长越好？

3. 挑选预报因子要考虑哪三个方面？

4. 预报因子有哪两种筛选方法？

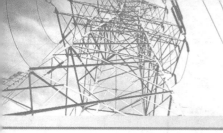

第八章

发 电 计 划 编 制

▲ 模块1　发电计划编制（ZY5802001002）

【模块描述】本模块介绍发电计划制作。通过要点讲解、案例分析，掌握在不同条件下发电计划制作方法。

【模块内容】

一、影响发电计划编制的因素

（1）长期来水预报的不确定性。由于长期预报影响因素太多，精度有待提高，所以发电计划的编制除了以预报值进行编制外，还要留有余地，一旦出现相反的来水情况要有补救办法。

（2）时段初水位。编制发电计划还要受到时段初水位变化的影响，如每年汛期预报及调度方案在3月做出来，如果实际汛初（6月1日）水位比当时计划的水位高3m，则汛期的发电计划要重新编制。

（3）运行方式。机组检修、设备检修、电网运行需要等也可以改变发电计划。

（4）工程施工。水库工程施工、上下游水库工程施工、桥梁涵洞等施工工作都会对发电计划造成影响。

二、发电计划一般思路

预报是丰水年则按照平水年（$p=50\%$）做计划，预报是平水年则按照75%来水频率做计划，预报是枯水年则按照$p=90\%$来水频率做计划，目的是使完成计划更有把握。

当预报结果的可信度较高或有工程施工需要时，可以用预报来水做发电计划。

发电计划还包括计划执行情况的反馈、计划的调整等。

三、不同条件下发电计划的制作

1. 水库正常运行

根据来水预报，按照水库调度图及近几年的运行规则进行。

2. 水库非正常运行

包括机组检修、设备检修、工程施工等影响机组正常出流的情况。这时的发电计划应该遵照保工期、保安全、保质量的原则制作,应该偏于保守。

四、案例分析

案例 2-8-1: 2013 年上半年白山水库调度运行计划。

2013 年上半年白山水库调度运行计划

(2013 年 1 月 21 日)

1. 工程施工要求

2013 年上半年,白山坝上有高孔闸门检修和大坝溢流面裂缝处理两项施工工作,工期计划在 4 月 1 日~6 月 15 日(两个半月)。届时白山水位应控制在 404.00m(高孔闸门底坎高程)以下。

另外,白山电站一期电缆治理、机组检修等项工作,将影响机组发电出流。4 月 26 日~5 月 1 日白山电站有 2 台 30 万 kW 机组运行(出流 614m³/s),其余时间段均有 3 台及以上 30 万 kW 机组运行(3 台出流 921m³/s)。

2. 来水预报

预报 2013 年来水为丰水年,春汛来水特丰。

3. 运行计划

考虑上述施工要求、来水预报、施工期与春汛期遭遇、出力受阻等不利因素,以 1960 年(春汛丰水典型年)同期来水为典型,制定上半年调度运行计划。

1 月 21 日水位 411.81m(实况),水位持续下降至 4 月 26 日的 398.16m。以后控制在 404m 以下,直至 6 月 15 日坝上施工结束时的 402.18m。7 月 1 日水位控制在 403.21m 左右,以迎接主汛期洪水的到来(计算表略)。

进入春汛期以后,还应视雨情、水情、工情对计划做进一步调整,以满足施工、防汛及蓄水需要。

【思考与练习】

1. 影响发电计划编制的因素是什么?
2. 发电计划编制的一般思路是什么?
3. 水库正常运行时,发电计划如何制作?
4. 水库非正常运行时,发电计划如何制作?

第九章

发 电 调 度 实 施

▲ 模块 1　根据要求编制发电调度计划（ZY5802001003）

【模块描述】本模块介绍根据旬、月、季、年来水预报及系统对电站的要求，制作发电调度计划。通过要点讲解、案例分析，掌握发电调度计划的制作过程和流程。

【模块内容】

一、根据要求编制发电调度计划

电网运行需要发电计划，水库调度需要水位控制计划。俗话说"计划没有变化快，变化以后再计划"，是指当初编制计划时的边界条件发生了变化，原来的计划就会不适合新的条件，这时就要按照新的要求来制订新的计划。

当旬、月、季、年来水预报修正后、发生洪水过程或系统对电站的要求变化后，对发电计划有了新的要求，需要及时做出新的发电计划。

（1）当旬、月、季、年来水预报修正后比原预报明显偏大时，新的计划就要加大发电量，并以不同时期的控制水位为目标。

（2）当旬、月、季、年来水预报修正后比原预报明显偏小时，新的计划就要减小发电量，同样以不同时期的控制水位为目标。

（3）当出现涨水过程，需要发电方式发生改变，就要及时编制发电计划。发生洪水过程期间，每天（或者随时）都要根据需要编制近期发电计划。

二、N+1 水位控制模式

发电计划编制的要求是以不同时期的控制水位为目标，不管来水多少都要达到目标。"$N+1$ 水位控制模式"具有实战意义，N 是指不同时期的水位控制目标，共 N 个；1 是指实际水位。"$N+1$ 水位控制模式"就是让实际水位向时间最近的那个目标水位靠近。变化的是条件，不变的是目标。

三、发电计划制作和流程

（1）明确新的预报结果和工程、系统对水库的要求。

（2）确定不同时期的控制水位目标。

（3）制订发电调度计划。

（4）发电调度计划审批、上报。

四、案例分析

案例 2-9-1：白山电站 2012 年发电调度计划。

白山电站 2012 年（6～12 月）发电调度计划

（2012 年 6 月 12 日）

1. 2012 年春汛回顾

1～5 月白山水库累计来水量 19.25 亿 m³，为同期多年平均值（22.71 亿 m³）的 84.8%，属于枯水年。

2. 汛期及全年来水预报

根据白山水库年径流的自身演变规律，10 年周期明显，逢 2、8 的年份以枯水年居 多。1933 年以来，逢 2 的年份有 1942、1952、1962、1972、1982、1992、2002 年 7 年，其中枯水年为 6 年（只有 1972 年为偏丰水年），枯水年发生的概率为 6/7×100%= 85.7%。

考虑到 5 月下旬～6 月上旬冷涡活动频繁、来水相对集中等情况，对预报进行修 正，来水级别由枯水年上升一个级别至偏枯水年（来水按 5 级划分为丰水年、偏丰 水年、平水年、偏枯水年、枯水年）。相似于 1982 年，可能会发生 1～2 次小洪水过程。

3. 水库调度运行计划

考虑后期无工程施工要求，按照预报来水过程，2012 年 6～12 月水库调度运行计 划（见表 2-9-1）。由于 5 月下旬～6 月上旬持续降雨，来水较大，为了协助丰满水库 满足下游春灌用水，白山电站持续按照 600 万 kWh/d 发电，水位缓慢上涨，6 月 11 日 8:00 达到 405.75m，比历史同期偏高。

按照遭遇 5 年一遇不弃水的原则，白山水库 7 月 1 日前水位控制在 407m 以下，7 月 15 日进一步降低水位至 405～406m，腾空一定库容防洪。8 月 20 日根据实际情况 水位抬高到 409m，9 月上旬达到 411.50m。力争汛末蓄满水库（水位达到或超过正常 高水位 413m），计划汛末水位达到 415.74m，为供水期提供充足的水源。

实时调度中坚持"长计划短安排、计划调度与灵活调度相结合"的原则，密切关 注雨情、水情、工情、灾情等信息，及时调整发电计划，切实做好实时调度工作，实 现水库调度"安全度汛、经济发电、综合利用"的目标。

表 2-9-1　　　　　　　　2012 年 6～12 月水库调度运行计划

时间	入库流量	计划电量	出库流量	期末水位
	（m³/s）	（10⁸kWh）	（m³/s）	（m）
5 月	275	536	234	404.03

续表

时间	入库流量	计划电量	出库流量	期末水位
	（m³/s）	（10⁸kWh）	（m³/s）	（m）
6 月	300	603	259	406.00
7 月	350	730	308	407.00
8 月	402	509	213	411.50
9 月	160	65	26	415.74
10 月	140	500	195	415.14
11 月	95	400	157	414.87
12 月	80	400	157	414.23
全年	188	176 093	203	414.23

【思考与练习】

1. 发电计划制订后就不用修改了，对吗？为什么？

2. "$N+1$ 水位控制模式"是什么？

3. "计划没有变化快"，所以不用制订发电计划了，对吗？为什么？

第十章

春汛水库运行方案编制

▲ 模块1 来水预报的回归分析方法
（ZY5802002002）

【模块描述】本模块介绍来水预报的回归分析方法。通过要点讲解、案例分析，掌握回归分析方法制作来水预报的方法。

【模块内容】

一、回归分析

变量之间的关系可以分成两种类型：一种是确定性关系；另一种是统计相关关系。统计相关关系的变量之间既存在差异又存在一定的关联，但是不能由一个（或几个）变量值精确地求出另外变量的值。

回归分析就是研究与处理变量之间相关关系的一种数理统计方法。

（1）确定几个特定的变量之间是否存在相关关系，如果存在，找出它们之间合适的数学表达式。

（2）根据一个或几个变量的数据，预测或控制另一个变量的取值，并且分析这种预报或控制可达到什么样的精度。

二、回归分析应用

一般来说，回归分析是通过规定因变量和自变量来确定变量之间的因果关系，建立回归模型，并根据实测数据来求解模型的各个参数，然后评价回归模型是否能够很好地拟合实测数据。如果拟合很好，则可以根据自变量做进一步预报；如果拟合不好，则重新建立模型再拟合。

三、案例分析

案例2-10-1：建立某流域汛期降雨量与年降雨量一元回归方程，并用汛期降雨量预报年降雨量。

（1）根据历史资料点绘某流域汛期降雨量与年降雨量相关图（见图2-10-1）。

（2）添加趋势线，选直线，并显示公式。

（3）得到一元回归方程 $y=1.0293x+221.13$（式中：y 为年降雨量；x 为汛期降雨量）。

（4）根据汛期降雨量就可以预报年降雨量。

（5）同理，如果用其他方法预报出年降雨量（或者汛期降雨量），也可根据公式预报出汛期降雨量（或者年降雨量）。

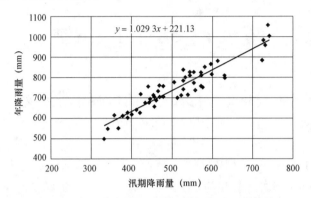

图 2-10-1　某流域汛期降雨量与年降雨量相关

【思考与练习】

1. 变量之间的关系分为哪几种类型？

2. 如何进行回归分析？

3. 如何进行水库流域汛期降雨量与年降雨量的回归分析？

▲ 模块 2　水库春汛期运行方案的编制（ZY5802003001）

【模块描述】本模块介绍水库春汛期运行方案的制作。通过要点讲解、案例分析，能独立制作水库春汛期运行方案。

【模块内容】

一、影响水库春汛期运行方案编制的因素

1. 来水预报

来水的多少是影响水库春汛期运行方案编制的直接因素。

2. 时段初水位

时段初水位的高低是影响水库春汛期运行方案编制的间接因素。

3. 检修计划

检修计划影响到机组出流能力，是影响水库春汛期运行方案编制的重要因素。

4. 工程施工

工程施工对水库上下游水位、机组出流等都有具体的要求，也是影响水库春汛期运行方案编制的重要因素。

二、水库春汛期运行方案的编制

（1）预报结果和各种影响因素对方案的要求；

（2）确定不同时期的控制水位目标；

（3）编制水库春汛期运行方案；

（4）方案审批、上报。

三、案例分析

案例 2–10–2： 2013 年白山水库春汛期运行方案。

2013 年白山水库春汛运行方案

（2013 年 3 月 2 日）

1. 白山水库运行情况

截至 3 月 1 日，白山水库天然来水量 3.46 亿 m³，排在历史第 2 位（第 1 位是 2011 年 3.68 亿 m³，原因是 2010 年大水后底水充足）。2012 年冬季（2012 年 11 月～2013 年 2 月）流域平均降水量 85.5mm，居历史同期第 6 位。3 月 1 日水库水位 406.19m，比同期多年平均值 399.69m（1987～2012 年）高 6.50m。

2. 白山工程施工要求及工期

白山水库大坝高孔闸门检修、大坝溢流面裂缝处理及电缆治理工程施工，工期计划在 4 月 1 日～6 月 15 日（两个半月），需要白山水库水位控制在 404.00m（高孔闸门底坎高程）以下。

3. 春汛期来水预报

春汛期 4～5 月桃花水量及降水量将多于常年，水库来水量将会急剧增加，可能会有汛情出现。

综合考虑各种因素，预测 2013 年来水春汛为丰水年，全年为丰水年，相似于 1960 年。

4. 白山水库春汛期运行方案

白山水库 1 月 1 日水位 415.09m，3 月 1 日水位 406.19m。3 月中、下旬计划日发电量 1200 万～1300 万 kWh，4 月 1 日水位可降到 397.93m，最低水位出现在 4 月 5 日，为 397.08m；4 月春汛来水增大，计划日发电量在 1100 万～1200 万 kWh，5 月 1 日水位 398.77m；5 月计划日发电量 1100 万 kWh，6 月 1 日水位 399.01m。

春汛期逐旬发电运行计划（略），逐旬发电运行计划图（略）。

发电计划执行过程中视雨情、水情、工情及电网运行情况再做灵活调整。

【思考与练习】

1. 影响水库春汛期运行方案编制的因素有哪些?

2. 在春汛期水库调度运行方案编制中,为什么来水预报是关键?

3. 春汛期水库调度运行方案的核心是保证春检工作,不弃水,对吗?为什么?

4. 春汛期处于供水期末,水位偏低,不怕来大水,不会泄流,对吗?为什么?

▲ 模块 3 春汛期来水的特点及预报(ZY5802002003)

【模块描述】本模块介绍春汛来水的特点及预报。通过要点讲解、案例分析,掌握不同流域春汛来水的特点和预报方法。

【模块内容】

一、春汛来水特点

北方河流春季会发生春汛。春汛又称桃花水,是春季由于积雪融化、河冰解冻或春雨引起的洪水。春汛来水量与冬季降雪量、春季降雨量、冬春季气温关系密切。一般年份春汛洪水小于夏汛洪水,个别年份春汛洪水会大于夏汛洪水。

例如:白山流域每年进入 4 月以后,天气变暖,雨水增多,4 月上旬清明节前后开江。一般情况下,把开江作为春汛期开始的标志。春汛期时间为 4~5 月。

白山水库春汛期多年平均来水量 19 亿 m³,来水主要集中在开江后~5 月中旬,最大洪水多出现在 4 月下旬~5 月上旬。

5 月下旬,冬天积雪已化尽,冻土化透,如无大的降雨过程,来水一般较稳定,春汛期结束。

春汛期对于中小水库来说,由于水位偏高,闸门多位于坝底阴暗处容易冻住,在春汛来水突然加大时,由于闸门无法开启,可能造成溃坝等灾难性后果,一定要加强防范。

二、春汛来水预报方法

(一)短期预报

春汛期洪水受冰雪融化、春季降水、气温共同影响,洪水过程比夏汛平缓一些。一般由于自动雨量站尚未投入使用,无法进行短期洪水预报(降雨径流预报),但是可以以日为时段进行洪水过程的预报。

1. 相似洪水法

点绘出历史上实测较大的春汛日洪水过程线,把目前已经出现的数值点到图上,采用目测法选出相似洪水,进行预报。

2. 典型洪水法

春汛期如有工程施工、机组检修等需要水位控制，可以按照历史典型洪水来进行调洪演算，制定水位控制计划。

（二）中长期预报

1. 相似年法

影响春汛来水的因素主要有冬季降水、春季降水和气温。由于春季降水的不确定性，导致春汛预报难度很大。

根据冬季降水量及其时间分布，气温特点以及宏观异常现象（冬季降水异常、暴雪、气温异常等）等，统计、查找相似年，进行预报。

2. 平水年波动法

首先预报是平水年，按照平水年制订水库调度运行计划，随着时间的推移，再根据实际来水趋势进行修正。

3. 同中长期来水预报方法

三、案例分析

案例 2-10-3：2010 年白山水库春汛（4～5 月）来水预报。

2010 年白山水库春汛（4～5 月）来水预报
（2010 年 3 月 21 日）

1. 白山流域春汛特点

白山流域地处高寒山区，每年都有春汛出现。天然河道初冰日期在每年 10 月底，11 月中、下旬进入稳定的封冻期。封冻期历时近 5 个月（11 月中旬～次年 4 月上旬）。3 月中、下旬开始融冰，4 月上、中旬（清明前后）开河。由于地势高，气温低，冰雪融化慢，开河时间比平原地区晚。开河以后，河道水流顺畅，进入春汛期。

天然河道，一般年份开河的凌汛和春汛，大多错开出现。即 4 月上、中旬，先出现凌汛，4 月下旬～5 月再发生春汛洪水。少数年份凌汛和春汛合并而来。水库形成后，不再细分凌汛和春汛，而统称为春汛。一般情况下，把开河作为春汛期开始的标志。

2. 春汛（4～5 月）来水预报

（1）冬季降水量。2009 年 11 月～2010 年 3 月上旬白山流域平均降水量 66.0mm，与同期多年平均值（1958～2009 年）66.5mm 持平，属于正常年份。

（2）周期分析。深入分析白山水库的春汛径流系列，发现旱涝 10 年周期十分明显，这一点相似于 2000 年，2000 年春汛为平水年。

（3）谚语"秋后雨水多，来年淹山坡"。2009 年 10 月白山流域秋季降水出现了异常，10 月白山流域平均降水量 89.9mm，排在同期历史第二位，与第一位 98.6mm（1980

年）接近，1981 年春汛为丰水年。

（4）宏观异常现象。2010 年 3 月 14 日，受较强冷空气和蒙古低压的共同影响，白山流域普降暴雪，流域平均降水量 23.5mm，为 1958 年有实测资料以来 3 月中旬日降水量的最大值，是历史第二位 12.3mm（1976 年）的 1.9 倍，1976 年春汛为平水年。

3 月中旬白山流域降水量 47.5mm，为历史第一位，是第二位（1999 年为 20.7mm）的 2.3 倍，明显异常，1999 年春汛为偏丰水年。

（5）综合预报。综合以上分析，2010 年白山水库春汛来水预计在平水年及以上，来水量将大于 2009 年（18.5 亿 m^3）。

秋季降水异常、春季暴雪异常的前兆，表明冬春季天气系统活跃，降水势头很猛，也将有利于后期降水，2010 年春汛预报为丰水年，相似于 1981 年。

而实际情况是：2010 年春汛为丰水年，来水量大于 1981 年，排在历史第三位。

【思考与练习】

1. 春汛来水与哪些因素有关？

2. 如何进行春汛来水的短期预报？

3. 如何进行春汛来水的中长期预报？

第十一章

汛期水库度汛方案编制

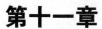 模块 1 汛期来水预报及运行方案编制
（ZY5802003002）

【模块描述】本模块介绍汛期来水预报及运行方案制作。通过要点讲解、案例分析，能独立制作汛期来水预报及运行方案。

【模块内容】

一、汛期来水的特点及预报

1. 汛期来水特点

汛期是一年中降水集中、来水集中的时期。汛期经常发生强降水过程，容易形成洪涝灾害。由于各地降雨时间的差异，汛期时间并不一致。长江以南的河流，在初夏就能够形成洪灾；北方的河流，在雨量集中的 7、8 月，容易引发洪灾。

汛期防洪与兴利的矛盾十分突出，是水库调度的关键时期。

2. 汛期来水预报方法

短期洪水预报方法主要包括单位线法（API 模型）、相应流量（水位）法、新安江模型和应急预报方法等。

汛期来水中长期预报方法同中长期预报方法。

二、影响水库汛期运行方案编制的因素

1. 来水预报

来水的多少是影响水库汛期运行方案编制的直接因素。

2. 时段初水位

时段初水位的高低是影响水库汛期运行方案编制的间接因素。

3. 检修计划

检修计划影响到机组出流能力，是影响水库汛期运行方案编制的重要因素。

4. 工程施工

工程施工对水库上下游水位、机组出流等都有具体的要求，也是影响水库汛期运

行方案编制的重要因素。

三、水库汛期运行方案的编制

（1）预报结果和各种影响因素对方案的要求；

（2）确定不同时期的水位控制目标；

（3）编制水库汛期运行方案；

（4）方案的审批、上报。

四、案例分析

案例 2-11-1：白山水库 2010 年汛期水库调度运行方案。

白山水库 2010 年汛期水库调度运行方案

（2010 年 5 月 11 日）

1. 白山水库 2010 年来水预报

白山水库在经历了 2006～2009 年连续 4 年的枯水段之后，将进入丰水年段。由于 2010 年春汛期来水特丰，前期土壤含水量高，有利于汛期产流。从春汛与汛期的来水对应关系来看，预计汛期（6～9 月）来水特丰，可能发生 1～3 次较大的夏汛洪水过程，全年为丰水年，相似于 1953 年，年来水量 103 亿 m^3。

2. 过程施工情况

略。

3. 汛期水库调度运行方案

根据预报的各月流量，制订水库调度运行计划。5 月 11 日水位 413.18m（实况），计划春汛末（6 月 1 日）水位 408.92m，主汛期初（7 月 1 日）水位 402.39m，汛末（10 月 1 日）水位 415.50m（全年最高），年末（2011 年 1 月 1 日）水位 410.96m。计划全年总发电量 30.9 亿 kWh。

红石为白山水库下游的径流式电站，日调节水库。红石对下游没有防洪任务，防洪以确保自身安全为主。主要来水经过白山调节以后，流量均匀稳定，电站效益较好。红石发电量是根据白山水库出流、白山—红石区间来水情况，依据红石水库的水量平衡而定。

水库调度运行计划根据来水预报情况，既考虑了安全度汛又考虑了经济运行，力争取得"安全度汛、经济运行"双丰收。

4. 做好主汛期前腾空库容工作

预报 2010 年汛期来水特丰，全年为丰水年。目前水位明显偏高，建议加大发电出流，尽快降低水位，力争主汛期初（7 月 1 日）水位降到 402.00m 附近，为迎战大洪水做好准备。

5. 做好实时调度工作

随着全球气候的不断变化，极端气候事件出现的频率在加大，"一切皆有可能"，汛期出现突发性暴雨洪水的可能性极大。一定要立足于"抗大洪、救大灾、抢大险"，居安思危、未雨绸缪，防患于未然。

随时密切监视雨情、水情动态，"长计划、短安排"，及时做出水文、气象预报，根据雨、水情变化情况适时向厂有关部门及东北公司水调处提出新的水库调度运行意见，做好实时调度工作，确保水库"安全、经济、科学、合理"运行。

【思考与练习】

1. 在汛期水库调度运行方案编制中，为什么来水预报是关键？

2. 如何理解汛期水库调度运行方案的核心是确定主汛期初的水位？

3. 如何理解汛期防洪与兴利的关系？

第十二章

枯水期水库运行方案编制

▲ 模块 1　枯水期来水的特点及预报（ZY5802002004）

【模块描述】本模块介绍枯水期来水的特点及预报。通过要点讲解、案例分析，掌握不同流域枯水期的来水特点和预报方法。

【模块内容】

一、枯水期来水特点

我国大部分地区处于季风地带。每年随着冬、夏季风的进退变化，雨季开始在南方早，北方迟，东部沿海地区早，西北内陆地区迟；雨季结束在北方早，南方迟。由于降雨在年内有明显的周期性规律，河道径流在一年中也出现洪水枯水季节交替变化的现象。

枯水期指河道流量较小，径流主要由流域蓄水补给，流量过程经常处于较稳定的消退时期。

例如：白山流域地处高寒山区，松花江上游，天然河道初冰日期在每年的 10 月底，11 月中、下旬进入稳定的封冻期。封冻期历时近 5 个月（11 月～次年 3 月），这期间河道流量稳定，变化较小，是全年来水最少的季节。

二、枯水期来水预报方法

枯水期径流的来源主要是流域的地下水和河网蓄水。此外，还有枯季的降水。

1. 退水曲线法

点绘各年逐月枯季流量过程线，预报时把当年实际已经发生的部分点绘出来，根据曲线趋势，对后期进行预报。

2. 平均流量法

对枯水期的预报一般要求不高，可以用预报要素的平均值来作为预报值。

3. 相似年法

根据 9 月份流量找到历史相似年，用相似年来作枯水期来水预报。

三、案例分析

案例 2–12–1：预报某水库 2010 年 10 月～2011 年 3 月枯水期各月流量。

2010 年 9 月流量 441m³/s 与 1971 年 441m³/s 一致。用 1971 年 10 月～1972 年 3 月流量作为 2010 年 10 月～2011 年 3 月枯水期各月流量的预报值（见表 2–12–1）。如果在 2010 年 10 月实际数据出来后，进行一次修正预报，则后期预报精度会更高。

表 2–12–1 　　　　　相似年法预报 2010～2011 年枯季流量　　　　　 (m³/s)

月份	1971～1972 年 （实际值）	2010～2011 年 （预报值）	2010～2011 年 （实际值）
10	267.0	267.0	290.4
11	101.2	101.2	113.6
12	49.6	49.6	66.2
1	35.0	35.0	69.1
2	36.6	36.6	75.6
3	80.5	80.5	85.7
平均	95.0	95.0	116.8

【思考与练习】

1. 简述枯水期来水特点。

2. 枯水期正好是水库的供水期，水库出流大于入流，对吗？

3. 如何进行枯水期来水预报？

▲ 模块 2　枯水期来水预报及运行方案编制
（ZY5802003003）

【模块描述】本模块介绍枯水期来水预报及运行方案制作。通过要点讲解、案例分析，能独立制作枯水期来水预报及运行方案。

【模块内容】

一、影响枯水期运行方案编制的因素

1. 来水预报

来水的多少是影响水库枯水期运行方案编制的直接因素。

2. 时段初水位

时段初水位的高低是影响水库枯水期运行方案编制的间接因素。

3. 检修计划

检修计划影响到机组出流能力，是影响水库枯水期运行方案编制的重要因素。

4. 工程施工

工程施工对水库上下游水位、机组出流等都有具体的要求，也是影响水库枯水期运行方案编制的重要因素。

二、水库枯水期运行方案的编制

（1）预报结果和各种影响因素对方案的要求；

（2）确定不同时期的控制水位目标；

（3）编制水库枯水期运行方案；

（4）方案的审批、上报。

三、案例分析

案例 2-12-2：今冬明春枯水期白山水库运行方案。

今冬明春枯水期（2002 年 11 月～2003 年 5 月）白山水库运行方案
（2002 年 10 月 20 日）

1. 前期来水及水库调度情况

白山水库 2002 年 1～10 月累计来水量 44.0 亿 m³，频率为 91%，比历年同期 68.8 亿 m³ 少 24.8 亿 m³，在历史上位于同期来水倒数第六位，属特枯水年。

白山水库运行总的特点是：来水少，发电少，水位低，耗水率高。

年初水位 399.64m，位于水库调度图降低出力区。经过春汛、夏汛蓄水以后，汛末水位 408.01m。

进入供水期以后，水位开始缓慢下降，目前水位为 405.72m。

2. 后期来水预报

进入冬季以后，雨量减少，大部分以固态的形式保存下来。就目前的来水情况分析，后期仍以干旱为主。

由于秋季降水量小，土壤干旱，预计明年春汛也不会很大，估计在平水以下。

3. 白山抽水蓄能泵站工程进、出水口围堰施工进度

白山抽水蓄能泵站导流工程进水口围堰预计 2002 年 10 月中旬开工，11 月底结束。进水口围堰（坝下）在停机状态下填筑。围堰顶高程按 5 台机组满发（尾水位 294.83m）挡水标准设计。2005 年第三季度拆除。

进水口围堰施工不受发电水位影响，目前不必特殊考虑。

出水口围堰（坝上）顶高程按白山水库 1990～1997 年 8 年的 7 月平均水位 405.43m 加 2m 设防，外加 1m 防浪墙，堰顶高程为 408.43m。

围堰填筑分两层施工，第一次填至 402m 高程，然后加高至堰顶。施工期为 2002年 10 月～2003 年 6 月，围堰顶高程 408.43m；围堰工作时间为 2003 年 7 月～2005 年3 月；围堰拆除时间为 2005 年 4～7 月。

4. 今冬明春白山水库调度方案

鉴于目前白山水库水位、来水及预报情况，考虑白山抽水蓄能泵站施工总进度安排，制定今冬明春水库调度方案。

从 11 月开始，水位缓慢下降，年底水位为 401m。2003 年 2 月 1 日水位控制在 398m，以后一直维持在这一水位。4 月初水位控制在 400m，以后缓慢上升，5 月初 403m，6月初 404m。合计发电量 61 010 万 kWh。各月水位及发电计划见表 2-12-2。

表 2-12-2　白山水库今冬明春水库调度方案表（2002 年 11 月～2003 年 5 月）

月份	11	12	1	2	3	4	5	6
入库流量（m^3/s）	55	45	36	35	100	230	300	
发电流量（m^3/s）	115	148	152	35	35	121	250	
日发电量（10^4kWh）	270	350	350	80	80	280	600	
月发电量（10^4kWh）	8100	10 500	10 850	2400	2480	8680	18 000	
月初水位（m）	405.50	404.00	401.00	398.00	398.00	400.00	403.00	404.00

【思考与练习】

1. 影响水库枯水期运行方案编制的因素有哪些？

2. 在枯水期运行方案编制中，为什么来水预报是关键？

3. 如何正确理解枯水期运行方案编制的核心是初期、末期的水位控制？

第十三章

工程施工水位控制

▲ 模块 1 工程施工水库调度（ZY5802003004）

【模块描述】本模块介绍工程施工水库调度。通过要点讲解、案例分析，熟悉工程施工水库调度的方法、过程；针对不同施工时期的调度手段。

【模块内容】

一、确定施工期不同阶段不同建筑物的防洪标准

施工期不同建筑物都有不同的防洪标准，首先要确定这些防洪标准，包括围堰、边坡、挡墙等。

二、施工期水库调度的方法、过程

施工期水库调度应偏于保守并留有余地，以满足工程施工为主，不应过于考虑经济运行，工程顺利施工就是最好的经济运行。实际使用的洪水标准要比确定的标准要高，要考虑到最不利的情况一旦出现也能包住。

跟着工程一起走，遇到问题就处理。一般是依据已经确定的防洪标准，反推水库最低控制水位。同时密切监视雨水情动态，发现问题及时处理。

三、不同施工期的调度手段

不同施工期防洪保护对象不同，防洪标准不同，采取的手段也不同。围堰施工期、拆除期、大坝主体施工期、闸门安装期等，要针对当前工作中遇到的保护对象的防洪标准而采取相应的对策。

四、案例分析

案例 2-13-1：2005 年白山抽水蓄能电站施工期水库运行方案。

2005 年白山抽水蓄能电站施工期水库运行方案

（2005 年 3 月 4 日）

1. 前期水库运行情况

2005 年 1～2 月，白山水库水位一直持续下降，从年初的 398.65m 降到 3 月 1 日

的 393.52m，与 2004 年计划的控制水位 393.68m 基本持平。

2. 2005 年白山水库来水预报

综合考虑白山流域前期降雪及太阳活动、10 年周期规律等因素，预报 2005 年白山水库来水趋势为偏丰水年（按特枯、偏枯、平水、偏丰、特丰 5 级划分）。主汛期（7～8 月）可能会发生一、二场较大的洪水过程。

预报 2005 年平均入库流量为 270m³/s，来水量为 85.15 亿 m³，来水频率为 25%。

3. 白山抽水蓄能电站围堰拆除施工进度计划

（1）上水库（白山）水位控制。

1）3 月 15 日～4 月 10 日，围堰开挖至▽395m，完成底板开挖、挡墙基础开挖，在此期间应将水位控制在▽394m 以下。

2）4 月 11 日～4 月 30 日，围堰开挖至▽392m，进行引水渠底板和混凝土挡墙基础石方开挖和相应部位的混凝土施工，应将水位控制在▽392m 以下。

3）5 月 1 日～5 月 31 日，为了保证开挖彻底，确保蓄能电站机组出力的长期效益，须将围堰拆除到▽389m。上水库围堰在▽392m 以石方开挖较多，采用水下爆破施工非常困难且难以保证开挖质量。为保证开挖及混凝土施工质量，在此期间应将水位控制在▽389m 以下。

进入 6 月份以后上水库水位不再受控制。但 6 月 1 日～9 月 19 日白山水库应力争不开闸。

（2）下水库（红石）水位和发电控制。

下水库临时围堰拆除时间是 2005 年 9 月 20 日～9 月 30 日，若拆除施工作业没有完成，10 月 1 日黄金周后可适当再延长作业天数，即 10 月 8 日～10 月 20 日。

拆除围堰期间红石水库水位控制在 285m 以下，白山电站机组每日 16:00～22:00 为系统调峰时间，其他时间作为拆除围堰作业时间。水位控制要求见表 2-13-1。

表 2-13-1　　　　　　　　　水 位 控 制 要 求

项目	时间	水位（m）
上水库进/出水口	2005 年 3 月 15 日～4 月 10 日	<394（白山）
	2005 年 4 月 11～30 日	<392（白山）
	2005 年 5 月 1～31 日	<389（白山）
下水库进/出水口	2005 年 6 月 1 日～9 月 19 日	白山力争不开闸
	2005 年 9 月 20～30 日	<285（红石）
	2005 年 10 月 8～20 日	<285（红石）

4. 2005 年水库运行方案

根据前期水库运行情况、来水预报、工程施工进度以及工程"百年一遇洪水不弃水"的防洪要求，制定 2005 年水库运行方案。

（1）3 月～6 月水库运行方案。

白山水库 3～6 月历史最大洪水（1957～2004 年）出现在 1987 年 4 月下旬。洪峰流量 4197m³/s，7 天洪量 9.07 亿 m³。经计算，水位在 385m，白山电站日发电量 2700 万 kWh（385m 时的最大日发电量）的情况下，最高水位可达到 388.31m，上涨 3.31m。为防止这种洪水带来的影响，把拆除上水库围堰要求的最高控制水位降低 4m，作为上水库施工期的控制水位。

水位控制计划：3 月初水位 393.52m（实况），3 月中旬开始上水库围堰拆除作业，根据需要，3 月中旬～4 月上旬，水位控制在 390.00m；4 月中旬～下旬，水位控制在 388.00m；5 月控制在 385.00m。

从 385m 到 413m 的库容是 26.2 亿 m³，具有较大的蓄水空间。

6 月开始，上游没有了水位限制，可考虑适当缓慢蓄水。

（2）6～12 月水库运行方案。

6 月初白山水库水位 385m，7 月初水位达到 391m 左右。经计算，如果发生 1995、1960、1986 年型洪水，最高水位 412.97m（汛限水位 413.00m），不用弃水。

7、8 月可根据来水及预报情况谨慎蓄水。7 月末水位达到 401m，发生 1995 年型洪水时应少量弃水；8 月末水位达到 408m，发生 1995、1960 年型洪水时应少量弃水。

1972 年 9 月 20 日～10 月 20 日来水量在实测资料系列中最大，为 6.4 亿 m³。考虑到下游围堰拆除时，白山出流受阻，按发生 1972 年来水考虑，9 月 20 日水位应不超过 411.5m。

计划 10 月 1 日水位达到 413.06m，10 月 20 日水位达到 416.5m。10 月 20 日以后水库正常运行，11 月 1 日水位降到 415.37m，年末水位为 412.35m。

【思考与练习】

1. 为什么施工期水库运行方案应保守并偏于安全？
2. 如何理解工程顺利施工就是最好的经济运行？
3. 为什么确定施工期建筑物的防洪标准是工程施工期水库调度的关键？

第三部分

防 洪 调 度

第十四章

气象预报信息综合

▲ 模块1　流域降水量预报的编制（ZY5802101001）

【模块描述】本模块介绍流域降水量预报的制作。通过要点讲解、案例分析，熟悉流域降水量预报的方法和过程，了解影响流域的天气系统。

【模块内容】

一、影响流域降水的天气系统

中国是季风气候国家，造成江河暴雨洪水的天气系统主要是季风雨带和台风。例如，影响白山流域降水的天气系统主要有台风、副高后部、冷涡等。一般年份，6～7月上旬为冷涡雨季，7月中旬～8月中旬为副高后部雨季，8月下旬～9月为台风雨季。

二、降水量预报的方法和过程

（1）首先收集各种气象资料。

（2）制作天气图。

（3）分析天气图。

（4）利用计算机进行数值天气预报。

（5）进行天气会商。

（6）得出天气预报结论。

三、降水量预报的用途

1. 降雨预警

当预报降水量达到预警标准时，有关部门会发布降雨预警、警报，提醒大家注意，加强防汛工作，防范暴雨洪水灾害以及滑坡泥石流等地质灾害。

2. 假想洪水预报

根据气象预报做出几套假想预报方案，对未来的暴雨洪水进行模拟。流域平均降水量采用气象预报值。

一般情况是根据气象预报结果，例如：如果气象预报是 50mm 降水，考虑保险一点再把预报结果放大、缩小一下，假定 30、50、100mm 三个降水量，假想预报会出现怎样的洪水过程，考虑如何进行应对。

四、案例分析

案例3-14-1：分析造成某流域大洪水的天气系统。

某流域地处高寒山区，冬季漫长、寒冷、干燥；夏季短暂、炎热、多雨。造成某流域大洪水的天气系统主要有台风和副高后部天气系统。

由台风造成的大洪水都发生在8月下旬，1957年有实测资料以来共1957、1960、1982、1986年4次。

由副高后部天气系统造成的大洪水主要发生在7月下旬～8月中旬，有实测资料以来共1964、1995、2010、2013年4次。副高后部降水有增多、增强的趋势。

【思考与练习】

1. 影响当地降水的天气系统有哪些？

2. 如何进行降水量预报？

3. 降水量预报的用途有哪些？

▲ 模块2　卫星云图监视软件操作与降雨预报
（ZY5802101004）

【模块描述】本模块介绍卫星云图监视软件操作与降雨预报。通过要点讲解、案例分析，熟悉卫星云图监视软件与降雨预报之间的关系。

【模块内容】

一、卫星云图监视软件

卫星云图是由气象卫星自上而下观测到的地球上云层覆盖和地表特征的图像。利用卫星云图可以识别不同的天气系统，确定它们的位置，估计其强度和发展趋势，为降雨预报提供依据。卫星云图监视软件都是气象部门专用的软件，要有专用设备接收，很复杂，一般到气象专业网站上看云图即可。

二、卫星云图监视软件操作与降雨预报

单纯通过卫星云图进行降雨预报，精度不会很高，它只是降雨预报的手段之一。气象预报需要结合各种气象资料如温度、湿度、露点、气压、天气系统变化等，经过专业人士分析会商，才能得出预报结论。但是单纯利用卫星云图经过训练或者练习可以对降水进行估报。传统的人工目视判读是利用气象卫星云图监视暴雨天气系统及降雨分析预报的主要方式之一。

1. 台风云系分析

通过卫星云图，可以判断出台风发生发展的趋势、登陆的位置及其登陆后减弱成热带低气压的全部过程。

2. 暴雨云系分析

除了台风云系外，还可以监视气旋云系、大范围的降雨云系、季风雨带位置等，同时进行暴雨云系分析。

在红外云图上，暴雨云团发展到成熟阶段时，当云顶温度在-70~-60℃时，可能会出现大到暴雨；当云顶温度在-78~-70℃时，可能会出现大暴雨；当云顶温度低于-78℃时，可能会出现特大暴雨。

3. 局地对流云团分析

盛夏季节，由局地生成的对流云团往往会带来意想不到的灾害，如局地暴雨或冰雹等强对流天气。

三、案例分析

案例 3-14-2：简述卫星云图的作用。

监视台风云系、暴雨云系、局地对流云团。经过训练或者练习可以对降雨量进行估报。方便、直观，是防汛值班、抗洪抢险的重要监测手段。

【思考与练习】

1. 单纯利用卫星云图做降雨预报，精度高吗？

2. 如何利用卫星云图监测台风、暴雨云系？

3. 在防汛工作中，如何用好卫星云图？

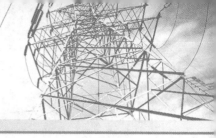

第十五章

短 期 洪 水 预 报

▲ 模块 1 洪水预报作业（ZY5802101002）

【模块描述】本模块介绍洪水预报作业。通过要点讲解、案例分析，掌握洪水预报作业的过程，能独立制作洪水预报。

【模块内容】

一、水库调度对水文预报的要求

在长期的水库调度实践中，对于水文预报在水库调度中的运用，总结出了"中长期预报做参考，短期气象预报作指导，落地雨预报作依据，考虑误差、留有余地"的原则。水库调度同时对水文预报提出了"先定性、后定量，早定性、再定量"的要求。

"先定性、后定量"是对水文预报方案制作过程中提出的要求，水文预报方案的制作要遵循这一要求。

"早定性、再定量"是对水文预报发布的实战要求。对于一次洪水预报来说，定性预报越早提出越好。例如：根据当前的降雨情况预报，来水量定性已经超过 50 年一遇，这对于水库防汛实战意义极大。防汛部门对定性预报极为敏感，他们知道遭遇超过 50 年一遇洪水应该采取的应对措施。

二、短期洪水预报方法

短期洪水预报方法主要包括单位线法（API 模型）、相应流量（水位）法、新安江模型和应急预报方法等。

提倡多种方法相互验证，这样才能取长补短、提高预报精度。

1. 单位线法（API 模型）

单位线（API）模型即所谓的黑箱子模型，把流域作为一个整体来考虑，不分区。单位线（API）模型是传统的预报模型，它取之于流域，用之于流域，尤其对于山区性河流预报精度较高。

预报时用的参数少，主要有前期影响雨量 P_a 值、时段流域平均降雨量、起涨流量等。再根据暴雨中心等特征选出单位线编号后，就可以进行预报了。

2. 相应流量（水位）法

相应流量（水位）法是应用河流上、下游水文断面相应流量（水位）间的相关关系作预报的方法。

当入库控制断面到库区较远或区间无大支流汇入的情况下，建立入库控制断面流量与入库流量的相关关系，根据控制断面流量即可做出入库流量的预报。

3. 新安江模型

新安江模型是河海大学提出的一个水文模型，是中国少有的一个具有世界影响力的水文模型，该模型因 1973 年首先在新安江水库的入库流量预报中应用而得名。

新安江模型是一套比较科学、完整、适用性较强的流域水文模型。模型把全流域分成许多块单元流域，对每个单元流域作产汇流计算，得出单元流域的流量过程，再进行单元流域出口断面以下的河道洪水演算，求得流域出口断面的流量过程。

新安江模型是分散性模型，可用于湿润地区与半湿润地区的湿润季节。

4. 应急预报方法

目前水库调度中都是用计算机预报软件来做洪水预报，对信息网络、硬件、电源系统的依赖性强，一旦发生突发事件，造成软件失灵则洪水预报将无法进行。

在发生暴雨洪水时，大风、雷电、洪水、泥石流、滑坡等极易造成水位站、雨量站冲毁或故障，致使数据不准确或中断，这时洪水预报也无法进行。

所以必须制作出一套应急预报方法，在所有自动化系统失灵、数据中断的情况下，依靠人工手算照样可以做出洪水预报和洪水调度方案，不影响防洪调度的正常进行，这就是应急预报方法的意义所在。

5. 相似洪水法

根据前期土壤含水量 P_a 值、起涨流量、降雨量、暴雨中心位置、雨强等信息，找到历史上已经发生过的相似洪水，用相似洪水作为本次洪水的预报过程。

当洪峰出现后，再加上涨水过程及洪峰两个相似因素，找到相似洪水，做出退水预报。

6. 设计洪水法

当发生超历史记录洪水时，由于已经超出洪水预报方案的上限，预报误差很大（或者这时信息已经中断），这时就用相似的设计洪水过程作为本次预报的洪水过程。

三、洪水预报作业

洪水预报作业包括雨前预报、雨中预报、雨后预报和退水预报四个阶段。

雨前预报即假想预报，是降雨前根据气象预报所做的洪水预报（可以有几种组合情况），目的是对未来来水有一个预判，同时对不同的来水情况做好应对准备。

雨中预报即根据目前的落地雨及气象预报所做的洪水预报，提出目前的降雨会有什么结果，后期还会有几种可能的结果，是水文气象预报相结合的结晶，目的是尽早提出定性、定量预报，把握防汛工作的主动权。

雨后预报即落地雨预报，即根据已经落地的降雨所作的洪水预报，一般作为水库调度的依据。

退水预报即根据洪峰流量所做的退水预报。如白山水库的洪水过程涨水快、退水慢，涨洪时间短，退水时间长，退水预报非常重要。

四、案例分析

案例3-15-1：2010年白山水库应急洪水预报。

2010年7月28日，白山流域普降大到暴雨，局地大暴雨，个别地方出现特大暴雨，在白山流域非常罕见。

当时白山水库主要入库控制站汉阳屯水文站被冲毁，同时通信中断，很多降雨数据收不到。防汛部门对洪水预报结果要得非常急，根本没有时间和办法去了解情况、填补数据，在非常紧急的情况下，直接用1995730次洪水过程作为2010729次洪水的预报过程。

这次洪水预报经评定（见表3-15-1），预报效果良好。应急预报方法就是在2010年特大洪水预报实践中总结出来的，同时也为今后的特大洪水应急预报积累了经验。

表3-15-1 20100729次洪水预报评定表

洪号	项目	洪峰流量	洪水总量	峰现时间（时段）
20100729	预报	12 000m³/s	$22.19 \times 10^8 m^3$	29日5:00～8:00
	实况	13 200m³/s	$25.27 \times 10^8 m^3$	29日5:00～8:00
	误差	9.1%	11.8%	0%
	精度	90.9%	88.2%	100%

【思考与练习】

1. 短期洪水预报方法有哪些？

2. 短期洪水预报方法中哪一个（或哪几个）方法最适用于当地水库流域？

3. 应急预报方法是一种在非常时期使用的洪水预报方法，简单、实用，值得推广。对吗？为什么？

第十六章

洪水调度方案编制

▲ 模块 1 水库防洪常规调度（ZY5802102001）

【**模块描述**】本模块介绍水库防洪常规调度。通过要点讲解、案例分析，掌握水库调洪方式和水库防洪调度图的使用、防洪调度规则。

【**模块内容**】

一、水库的防洪任务

水库的防洪任务，主要是按一定的设计标准防止洪水漫顶溃坝，确保枢纽本身的安全。任何类型的水库，不管有无下游的防洪任务，保证水工建筑物安全的防洪任务总是第一位的。

正确处理蓄泄关系，按设计要求保护枢纽本身和上下游地区不受淹没。有下游防洪任务的水库主要是要求水库有一定的库容来拦蓄洪水、削减洪峰、滞洪、错峰；而水工建筑物本身和上游的防洪任务，则主要是要求有足够的泄洪能力。

二、水库调洪方式

水库调洪方式是指为满足既定的防洪任务而拟定的水库调洪的具体蓄泄方式，可分为下游无防洪任务的自由敞泄方式和下游有防洪任务的控制泄流方式。

下游有防洪任务的水库，可采用固定泄流、变动泄流方式。当入库洪水达到或超过大坝设计洪水标准时，不论何种水库都不应再控制泄流，而是保坝敞开泄流。

三、水库防洪调度图

水库防洪调度图是指导水库防洪调度的重要工具，也是水电站水库调度图的重要组成部分。它划定了水库的调洪范围，由防洪调度线、防洪限制水位、各种标准洪水的最高洪水位，以及由这些指示线划分的各级调洪区所构成。

四、防洪调度规则

（1）确保枢纽工程安全为第一位。

（2）防护区的洪灾总损失最小。

（3）妥善处理防洪与兴利的矛盾，在汛期兴利服从防洪，防洪兼顾兴利。

（4）编制防洪调度方案，严格按调度方案进行运用。

（5）由于基本资料、洪水预报、调度决策等可能存在误差或失误，运行时需要留有余地，以确保安全。

五、案例分析

案例 3-16-1：白山水库防洪调度原则。

白山水库防洪调度原则

1. 汛限水位

白山水库主汛期为 6 月 1 日～8 月 31 日，后汛期为 9 月 1～30 日。

6 月 1 日～8 月 19 日，汛限水位为 413.00m。8 月 20～31 日，汛限水位由吉林省防汛指挥部视流域雨、水情在 413.00～416.50m 之间合理选定，报松花江防汛总指挥部批准。9 月 1～30 日，汛限水位为 416.50m。

2. 洪水调度

当预报丰满水库天然入库洪水不超过 500 年一遇时按以下规则调度：

（1）6 月 1 日～8 月 15 日。

1）当水库水位低于 413.00m 时，视水库水位、来水情况和发电要求，合理调度。

2）当水库水位高于等于 413.00m，且低于 416.50m 时。

a）丰满水库水位低于等于 266.00m，且天然入库流量（白山水库坝址至丰满水库坝址区间 6h 平均流量与白山水库前 6～前 12h 平均入库流量之和，下同）未出现大于 25 900m³/s 时：

① 白山水库入库流量小于等于 4000m³/s 时，水库最大下泄流量为 1500m³/s。

② 白山水库入库流量大于 4000m³/s，且小于等于 7220m³/s 时，水库最大下泄流量为 2500m³/s。

③ 白山水库入库流量大于 7220m³/s 时，可开 4 个高孔泄流（含机组出流水库最大下泄流量 5900m³/s）。

b）丰满水库水位高于 266.00m，或已经出现大于 25 900m³/s 的天然入库流量时，白山水库最大下泄流量为 1500m³/s。

3）当水库水位高于等于 416.50m，且低于 418.30m 时。

a）白山水库入库流量小于等于 10 000m³/s 且丰满水库已经出现大于 25 900m³/s 的天然入库流量时，水库最大下泄流量为 1500m³/s。

b）白山水库入库流量大于 10 000m³/s 或丰满水库未出现大于 25 900m³/s 的天然入库流量时：

① 白山水库水位低于 417.50m 时，可开 4 个高孔和 1 个中孔泄流（含机组出流水

库最大下泄流量为 7800m³/s)。

② 白山水库水位高于等于 417.50m 时，可开启全部泄洪设施泄流。

4）当水库水位高于等于 418.30m 时，可开启全部泄洪设施泄流。

（2）8 月 16～31 日。白山水库 8 月 16～31 日的洪水调度方案由吉林省防汛抗旱指挥部视流域雨、水情研究提出，报松花江防汛总指挥部批准后实施。

（3）9 月 1～30 日。

1）当水库水位低于 416.50m，按发电要求调度。

2）当水库水位高于等于 416.50m，低于 417.50m 时，水库最大下泄流量为 7800m³/s。

3）当水库水位高于等于 417.50m 时，可开启全部泄洪设施泄流。

（4）水库退水阶段的调度原则。主汛期当丰满水位低于 263.50m，且白山水库水位低于 416.50m 时，白山、丰满水库可协调同步退水。

（5）红石电站的泄洪流量，依据白山电站的泄流量、白山—红石区间的入库流量及红石电站的发电水量平衡而定。

【思考与练习】

1. 有下游防洪任务的水库主要防洪要求有哪些？

2. 防洪调度图是指导水库防洪调度的重要工具吗？

3. 如何理解当入库洪水达到或超过大坝设计洪水标准时，不论何种水库都不应再控制泄流，而是保坝敞开泄流？

▶ 模块 2　水库防洪预报调度（ZY5802102002）

【模块描述】本模块介绍水库防洪预报调度。通过要点讲解、案例分析，掌握洪水预报方案的误差，水库防洪预报调度的实施。

【模块内容】

一、水库防洪预报调度

1. 预泄调度

在洪水发生前，根据短期天气预报后期有大的降雨过程，在水位低于汛限水位的情况下，可提前加大发电出流，腾出部分库容用于后期防洪。

2. 预报调度

根据预报的入库洪水，当时的水库水位以及规定的洪水调度原则，确定水库的下泄流量，实施预报调度。

3. 灵活调度

考虑洪水预报方案的误差，在进行洪水调度的同时，实时跟踪实际洪水过程并与预报过程进行对比分析，对预报做出修正。及时做出新的洪水调度方案，对原来的方案进行调整，使之更加符合实际情况。

二、水文气象预报在防洪调度中的应用原则

在多年的水库调度实践中，总结出水文气象预报在水库调度中的应用原则是：中长期预报做参考；短期气象预报做指导；落地雨预报做依据；考虑误差、留有余地。

三、案例分析

案例 3-16-2：在实际洪水调度中，如果预报小了，来水大了，怎么办？

在实际洪水调度中，如果预报小了，实际来水大了，意味着按照预报制定的洪水调度方案出流量小了，水位会上涨，并可能会突破汛限水位。这时应重新制定洪水调度方案，加大出库流量，遏制水位上涨势头，把最高水位控制在合理的范围内。

案例 3-16-3：在实际洪水调度中，如果预报大了，来水小了，怎么办？

在实际洪水调度中，如果预报大了，实际来水小了，意味着按照预报制定的洪水调度方案出流量大了，水位会上涨缓慢甚至不涨，可能对于汛末蓄水不利。这时应重新制定洪水调度方案，减少出库流量，把水位控制在合理的范围内。

【思考与练习】

1. 什么情况下，可用开闸泄洪来进行预泄调度？
2. 预报调度为什么要考虑洪水预报的误差？
3. 简述水文气象预报在水库调度中的应用原则。

模块 3　综合洪水调节（ZY5802103002）

【模块描述】本模块介绍上、下游防洪对象及水情信息进行洪水调节计算的方法。通过要点讲解、案例分析，能根据上、下游防洪对象的当前状况及当前水情信息进行洪水调节计算。

【模块内容】

一、上、下游防洪对象及水情信息的收集

及时、准确地收集到这些信息对于科学制定洪水调度方案，十分必要。

（1）上、下游防洪对象及水情信息包括雨情（降雨预报、实况）、水情（预报值、实况）、工情（水库、堤防情况）、灾情和人员分布情况；上、下游防洪对象对当地水库的要求等。

（2）突发事件的处理。上、下游防洪对象及河道等地方可能会出现一些突发情况，需要及时了解情况，制定应对措施。

（3）上、下游防洪对象的要求。一般情况下，上游要求不能淹没建筑物、农田，不能顶托河水；下游要求不能冲刷河道、不能淹没农田、不能冲毁堤防、不能增大灾害损失等。具体淹什么、保什么，要看洪水级别及地方防汛部门的调度意见。

二、洪水调节计算原理及方法

水库洪水调节计算依据水量平衡原理进行。

水量平衡公式

入库水量−出库水量=水库蓄水变量=V_2（时段末库容）−V_1（时段初库容）

则

$$V_2（时段末库容）=V_1（时段初库容）+（入库水量−出库水量）$$

根据已知的时段初库容（一般是用时段初水位，通过库容曲线对应关系得到初库容）、预报的入库水量、计划的出库水量，代入水量平衡公式就可以计算出 V_2（时段末库容），再通过库容曲线得到时段末水位。反复计算，就可以得到入库流量、出库流量、水库水位过程线。

三、制定洪水调度方案

制定方案前，一定及时与地方防汛部门充分沟通、协商，明确他们的调度意见和想法。再针对上、下游防洪对象的雨情、水情、工情、灾情信息及突发事件情况，对水库调度的要求以及地方防汛部门的意见，综合平衡考虑，制定洪水调度方案。

四、案例分析

案例 3−16−4：丰满水库为吉林市城区松花江左岸护岸塌岸紧急除险实施错峰调度。

2013 年 7 月 18 日，吉林市向丰满发电厂提交了吉林市人民政府防汛抗旱指挥部吉市汛函〔2013〕22 号文《关于紧急商请减少丰满水库出流的函》，提出"吉林市主城区左岸护岸工程松江东路铁路桥以东 200m 处出现 30m 塌岸；经吉林市水利设计院勘察，初步恢复设计，该处附近约 600m 护岸需要抢修；请丰满水库从 7 月 19 日 5:00～7 月 24 日 5:00 控制出库流量不大于 600m³/s。"

按照吉林市防汛指挥部要求，丰满水库控制出流 600m³/s、5 天时间，按目前调度日发电出流 1800m³/s 计算，5 天时间将同比推高水库水位近 2m。

丰满发电厂向国网新源控股公司提交《关于吉林市防汛指挥部要求减少发电流量进行城堤塌岸抢险的情况汇报》，提出"目前，丰满水库水位 253.35m，尚可保证发生 3 年 1 遇洪水不泄洪；该护岸为吉林市城区的重要城防工程，其重要性不言而喻；我厂建议同意其请求。"

经国网新源控股公司同意，丰满发电厂厂向东北调控分中心进行了情况汇报，并提出了调度申请，开展了塌岸紧急除险错峰调度。

从 7 月 19 日起，丰满水库出流由 1800m³/s 降至 600m³/s 控制，持续时间 110h，推高水库水位 1.4m。

案例 3-16-5: 丰满水库为温德河流域遭遇暴雨洪水实施错峰调度。

2013 年 8 月 8 日,吉林市温德河流域(松花江一级支流)遭遇暴雨洪水,14:00 口前水文站流量 758m³/s,接近保证流量。由于丰满水库出库流量较大,受松花江水顶托,温德河沿岸洪水宣泄不畅,防汛压力较大。

吉林市向丰满发电厂提交了吉林市人民政府防汛抗旱指挥部吉市汛函〔2013〕25号文《关于紧急商请减少丰满水库出流的函》,提出"尽快将丰满水库出流降至 1000m³/s 以下,维持 24h,以减轻温德河沿岸防汛压力。"

按照吉林市防汛指挥部要求,控制出流 1000m³/s,维持 1 天时间,按目前调度日发电出流 1800m³/s 计算,1 天时间将同比推高水库水位近 0.20m。

丰满发电厂向国网新源控股公司提交《关于吉林市防汛指挥部要求减少发电流量为温德河洪水错峰的情况汇报》,提出"目前,水库水位 257.36m,防汛形势严峻。针对吉林市的错峰要求、将推高丰满水库水位超汛限的现实,我厂及时与松花江防汛总指挥部防汛办主任进行了沟通,对方同意错峰事宜,并对丰满水库短时间段超汛限水位表示理解,同时同意短时间段超汛限水位。我厂已将吉林市函传真到松花江防汛总指挥部防汛办进行了备案。为了保证下游人民的生命财产安全,我厂同意吉林市防汛指挥部的请求。同时将密切关注汛情发展,及时进行洪水预报,做好洪水调度工作。"

经国网新源控股公司同意,丰满发电厂向东北调控分中心进行了情况汇报,并提出了调度申请,开展了错峰调度。

丰满水库出流由 1800m³/s 降至 1000m³/s,时间从 8 月 8 日 16:00～8 月 9 日 8:00,持续 16h,推高水位 0.14m。经过密切联系、沟通,8 月 9 日 8:00,流量控制解除,提前了 8h,多出库水量 0.29 亿 m³,降低水位 0.09m。确保了温德河洪水及时宣泄,排除险情,减轻了吉林市防汛抗洪抢险工作压力,为保障地方群众生命财产安全作出了积极贡献。

【思考与练习】

1. 上、下游防洪对象的要求都能得到满足吗?为什么?
2. 优先考虑突发事件,及时制定相应的洪水调度方案。对吗?为什么?
3. 如何理解制定洪水调度方案前,一定要与地方防汛部门及时沟通、协商?

第十七章

防 洪 调 度 实 施

▲ 模块 1　水库实时防洪调度（ZY5802102003）

【模块描述】本模块介绍水库实时防洪调度。通过要点讲解、案例分析，掌握防洪实时信息的收集、防洪调度方案的生成。

【模块内容】

一、防洪实时信息的收集

防洪实时信息包括雨情、水情、工情、灾情和人员分布情况。及时、准确地收集到这些信息对于科学制定洪水调度方案，十分必要。

二、水库防洪预报调度方案

与洪水预报作业包括四个阶段（雨前预报、雨中预报、雨后预报和退水预报）相对应，水库防洪预报调度方案也分为四个阶段，即雨前预报调度方案、雨中预报调度方案、雨后预报调度方案和退水预报调度方案。

需要强调的是：洪水预报要和防洪实时信息结合后，再制定洪水调度方案。因为可能会出现影响机组出流、闸门开启等状况。这些状况要在洪水调度方案中予以体现。

（1）雨前预报调度方案，是根据假想预报所做的洪水调度方案。

（2）雨中预报调度方案，是根据雨中预报所做的洪水调度方案。

（3）雨后预报调度方案，是根据落地雨预报所做的洪水调度方案。

（4）退水预报调度方案，是根据退水预报所做的洪水调度方案。

三、水库防洪预报调度的实施

水库防洪调度采用"预报、方案、申请、命令、实施"模式，即洪水预报、（根据预报制作出）调度方案、（向上级防汛部门提出调度）申请、（上级防汛部门下达调度）命令、（现场操作人员）实施（调度命令）。这一模式将根据实际情况反复循环，贯穿于洪水调度过程的始终。

四、案例分析

案例 3–17–1：白山水库防洪调度方案。

白山水库防洪调度方案
（2005 年 8 月 18 日 8:00）

受高空槽及副高后部低层切变的共同影响，从 8 月 17 日午后开始，白山流域普降大到暴雨，截止到 8 月 18 日 8:00，流域平均累计降水量 43.4mm，在不考虑后期降雨的情况下，预计入库水量 7.36 亿 m^3。根据目前白山水库的水位状况，建议日发电量由目前的 800 万 kWh 增加到 2000 万 kWh，同时考虑白山、红石区间来水情况，进行灵活调整，以红石电站满发不弃水为原则，预计 8 月 22 日 14:00 最高水位为 413.22m。

根据气象预报，8 月 18 日 8:00～20:00 白山流域还将有 25mm 降水，白山电站日发电量按 2000 万 kWh，预计最高水位 415.52m，出现在 8 月 24 日 14:00。

根据目前气象资料分析，8 月 18 日 20:00 以后，由于冷空气势力较强，副热带高压将减弱东退，白山流域主要受西风带天气系统影响，转入秋高气爽的少雨段，主汛期基本结束。

建议近日白山日发电量 2000 万 kWh，红石满发不弃水。同时密切监视雨水情变化，做好监测、预报工作。后期视雨水情变化情况再做发电量调整。

附表：白山水库洪水调度方案计算表（略）

附图：白山水库洪水调度方案计算图（略）

【思考与练习】

1. 防洪实时信息包括哪些？

2. 洪水调度方案只考虑洪水预报，对吗？为什么？

3. 水库防洪调度按照"预报、方案、申请、命令、实施"模式，只运行一次，对吗？为什么？

第十八章

防洪综合调度

▲ 模块 1　合理安排机组发电和闸门（ZY5802103003）

【模块描述】本模块介绍根据洪水调节计算，合理安排机组发电、闸门开启个数和开启顺序。通过要点讲解、案例分析，能根据洪水调节计算，合理安排机组发电、闸门开启个数和开启顺序。

【模块内容】

一、洪水调节计算原理及方法

水库洪水调节计算依据水量平衡原理进行。

水量平衡公式

入库水量−出库水量=水库蓄水变量=V_2（时段末库容）−V_1（时段初库容）

则

$$V_2（时段末库容）=V_1（时段初库容）+（入库水量−出库水量）$$

根据已知的时段初库容（一般是用时段初水位，通过库容曲线对应关系得到初库容）、预报的入库水量、计划的出库水量，代入水量平衡公式就可以计算出 V_2（时段末库容），再通过库容曲线得到时段末水位。反复计算，就可以得到入库流量、出库流量、水库水位过程线。

二、按照洪水调度"预报、方案、申请、命令、实施"模式运作

根据洪水预报过程，结合防洪实时信息，进行洪水调节计算，得到洪水调度方案；提出调度申请；接到调度命令；实施调度命令。

三、根据调度命令合理安排机组发电和闸门开启

（1）依据泄流曲线计算泄流流量。

（2）明确水库闸门的启闭顺序规定，不能随意启闭。

（3）首先考虑机组发电，再考虑开闸泄流。

（4）依据泄流流量进行闸门开度组合，合理安排闸门开启个数和开启顺序，满足泄流要求。

（5）下达厂防汛办公室调度命令。

四、案例分析

案例 3-18-1：白山发电厂防汛办公室调度令。

白山发电厂防汛办公室令

［2013 年（第 7 号）］

签发人：防汛办公室主任

厂属各部门：

白山水库定于 16 日 20:00 开闸泄洪。闸门启闭顺序如下：高孔 16、18 号闸门开度 8m；高孔 14、20 号闸门开度 4m。总出库流量 4000m³/s（含机组发电流量）。

请各部门按调度令执行！

白山发电厂防汛办公室（印）

2013 年 8 月 16 日 17:20

【思考与练习】

1. 如何理解下达厂洪水调度命令时要简洁、明确、具体？

2. 闸门可以随意启闭，怎么方便就怎么用，工作效率高，对吗？为什么？

3. 如何根据调度命令，合理安排机组发电和闸门开启？

▲ 模块 2　调度命令的上传、下达（ZY5802103004）

【模块描述】本模块介绍调度命令的传达过程。通过要点讲解、案例分析，熟悉不同防洪管理模式情况下调度命令的上传、下达。

【模块内容】

一、按照洪水调度"预报、方案、申请、命令、实施"模式运作

根据洪水预报过程，结合防洪实时信息，进行洪水调节计算，得到洪水调度方案；提出调度申请；接到调度命令；实施调度命令。

模式要做到：

（1）预报：一条线（预报的洪水过程线，越准越好）。

（2）方案：折中间（各方利益平衡、妥协的结果）。

（3）申请：快点办（提前提出申请，越快越好）。

（4）命令：重如山（命令的严肃性，不容置疑）。

（5）实施：不走偏（实施命令不能走样）。

二、调度命令的传达过程

（1）提出本厂的洪水调度方案。

（2）向直接主管本厂的地方防汛机关提出调度申请。

（3）主管本厂的地方防汛机关下达调度命令。

（4）本厂执行调度命令。

（5）根据实际情况再提出新的洪水调度方案，重复这个过程，直至洪水调度结束。

三、案例分析

案例 3-18-2：白山水库 2013 年洪水调度中关闸请示、上级命令下达、命令实施实例。

关于白山水库减少出流的请示

签发人：

松花江防汛抗旱总指挥部：

白山水库 7 月 16 日 08:00～14:00 洪峰流量 9220 立 m³/s，目前处于退水阶段。7 月 17 日 10:00 时水位 414.93m，水位缓慢上涨。根据气象预报及雨水情情况，白山电厂建议减少白山水库出库流量到 2500m³/s（含机组发电流量），红石依据白山出流相应调整出库流量。

特此申请。

白山发电厂防汛指挥部（印）

2013 年 8 月 17 日 10:10

松花江防汛抗旱总指挥部调度命令

（松汛调〔2013〕13 号）

签发人：

白山发电厂：

经研究决定，自 2013 年 8 月 17 日 17:00 起，白山水库总出库流量由 4000m³/s 减少到 2500m³/s；18 日 14:00 起，转入满发电运行；当水库入库流量小于 1600m³/s，转入正常发电运行，但水库水位应低于 416.50m，请遵照执行。

请吉林省人民政府防汛抗旱指挥部通知水库下游有关市、县做好防范工作。

松花江防汛抗旱总指挥部（印）

2013 年 8 月 17 日 16:00

抄送：国家防办、吉林省防指、国家电网公司东北分部、国网新源控股有限公司。

白山发电厂防汛办公室令
[2013 年（第 12 号）]

签发人：

厂属各部门：

松花江防汛抗旱总指挥部调度命令（松汛调〔2013〕13 号），自 2013 年 8 月 17 日 17 时起，白山水库总出库流量由 4000m³/s 减少到 2500m³/s。

白山水库 8 月 17 日 17:00 依次关闭 20、14 号闸门，18、16 号闸门由 8m 降到 4m，总出库流量 2500m³/s。

请各部门按调度令执行！

白山发电厂防汛办公室（印）
2013 年 8 月 17 日 16:20

【思考与练习】

1. 为什么调度申请要及时、果断？

2. 为什么上级调度命令下达后，要做好准备，坚决执行？

3. 为什么要保持调度命令的上传下达渠道顺畅、避免中间环节，点对点、一对一最好？

第四部分

资料整编及调度总结

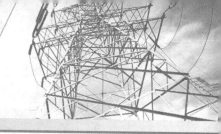
第十九章

水 文 资 料 整 编

▶ 模块 1 水位资料的整编（ZY5802201001）

【模块描述】本模块介绍水库水位资料的整编。通过要点讲解、案例分析，掌握水库水位资料整编的方法。

【模块内容】

一、水位资料整编操作原则及注意事项

1. 操作的一般原则

水位资料整编（water level data compilation）是根据水文资料汇编的要求，对水位观测资料进行的整编工作。

（1）水位资料整编按照《水文资料整编规范》（SL 247—2012）的要求进行。

（2）水库站日平均水位采用面积包围法计算。

面积包围法（见图 4-19-1）计算日平均水位可按式（4-19-1）计算

$$\overline{Z} = \frac{1}{48}[Z_0 a + Z_1(a+b) + Z_2(b+c) + \cdots + Z_{n-1}(m+n) + Z_n] \qquad (4\text{-}19\text{-}1)$$

式中　a、b、b、$\cdots$、m、n ——各个不同时距，h；

Z_1、Z_2、$\cdots$、Z_n ——相应时刻的水位值，m。

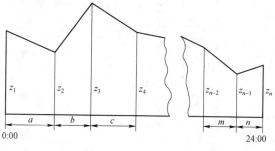

图 4-19-1　面积包围法

2. 操作的注意事项

（1）需要校核原始记录及各项特征值，对测验河段及断面的河干、断流及结冰等有关情况查考清楚。

（2）需要编写水位资料整编说明书，对本年水位观测、整理的成果与问题以及特殊水情的变化等情况进行简要的说明。

（3）日水位资料整编时间为 8:00～次日 8:00。

二、操作要求（包括相关规程对操作的有关规定）

（1）考证水尺零点高程。

（2）绘制逐时或逐日水位过程线。

（3）数据整理。

（4）整编逐日平均水位表，水位站可整编洪水水位摘录表。

（5）单站合理性检查。

（6）编写水位资料整编说明表。

三、操作中异常情况及其处理原则

当出现水尺零点高程变动、短时间水位缺测或观测错误时，必须对观测水位进行修正或插补。

四、案例分析

案例 4–19–1： 现有某水库某日逐时水库水位（见表 4–19–1），已通过合理性检验，请按标准计算该日平均水位。

表 4–19–1　　　　　　　　　某水库某日逐时水库水位

时间	坝上水位（m）	时间	坝上水位（m）	时间	坝上水位（m）
8:00	260.16	17:00	260.08	1:00	260.04
9:00	260.18	18:00	260.09	2:00	260.03
10:00	260.17	19:00	260.07	3:00	260.03
11:00	260.16	20:00	260.08	4:00	260.03
12:00	260.16	21:00	260.06	5:00	260.03
13:00	260.14	22:00	260.07	6:00	260.03
14:00	260.12	23:00	260.07	7:00	260.03
15:00	260.09	0:00	260.06	8:00	260.03
16:00	260.08				

计算过程如下：

采用面积包围法计算日平均水位

$$\overline{Z} = \frac{1}{48}(260.16\times1 + 260.18\times2 + 260.17\times2 + \cdots + 260.03\times2 + 260.03)$$
$$= 260.08\ (\text{m})$$

【思考与练习】

1. 如何用面积包围法计算水库的日平均水位？
2. 日平均水位的统计时段是如何规定的？
3. 详述水位资料整编的流程。

◢ 模块2　水位资料的合理性判断（ZY5802202001）

【模块描述】本模块介绍水库水位资料的合理性判断。通过要点讲解、案例分析，掌握水库水位资料合理性判断的方法。

【模块内容】

一、水库水位资料合理性判断操作原则及注意事项

1. 操作的一般原则

（1）水位资料合理性检查按照《水文资料整编规范》（SL 247—2012）要求进行。

（2）用逐时或逐日水位过程线分析检查。

2. 操作的注意事项

（1）检查时，注意水位变化的一般特性，如水位变化的连续性、涨落率的渐变性、洪水涨陡落缓的特性等。

（2）检查时，要考虑水位变化的特殊性，如受洪水顶托、冰塞及冰坝、水库闸门启闭等影响。

二、操作要求（包括相关规程对操作的有关规定）

（1）检查水位的变化是否连续，有无突涨突落现象，峰形变化是否正常，换用水尺、年头年尾与前后年是否衔接；检查冰期、平水期、枯水期及洪水期的水位变化趋势是否符合本站的特性。

（2）水库站应检查水位的变化与闸门启闭情况是否相应。

三、操作中异常情况及其处理原则

（1）当水库水位合理性检查，发现水位突变，且持续时间长，应到水位井现场检查，进行人工测量比对，分析其原因，并进行处理。

（2）基本断面附近出现的"筑坝""垮坝"等临时或经常明显影响水位的情况应说明。示例如下：

1）水位经常受开关闸影响而产生突变。

2）4月3日～7月8日，11月4日～12月31日水位受下游橡胶坝蓄水影响。

3）7月15～23日水位受上游临时筑坝水位有明显抬高。

4）7月14～18日由于自记故障，采用人工观测资料整编。

5）4月1～15日、10月6日～12月31日为人工观测资料整编，其他时间为自记资料。

四、案例分析

案例4-19-2：现有某水库逐时水库水位（见表4-19-2），请按要求进行合理性检验。

表4-19-2　　　　　　　　　　某水库逐时水库水位

时间	坝上水位（m）	时间	坝上水位（m）	时间	坝上水位（m）
8:00	260.16	17:00	260.08	1:00	260.04
9:00	260.18	18:00	260.09	2:00	260.03
10:00	260.17	19:00	259.50	3:00	260.03
11:00	260.16	20:00	260.08	4:00	260.03
12:00	260.16	21:00	260.06	5:00	260.03
13:00	260.14	22:00	260.07	6:00	260.03
14:00	260.12	23:00	260.07	7:00	260.03
15:00	260.09	0:00	260.06	8:00	260.03
16:00	260.08				

计算过程如下：

（1）点绘逐时水位过程线（见图4-19-2）。

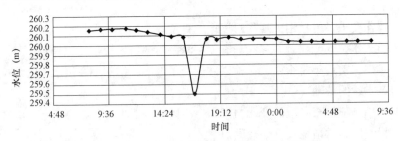

图4-19-2　某水库坝上水位逐时水位过程线

（2）从过程线上看，水位在17:00发生了明显的水位突变，有突落现象，峰形变化异常，之后，水位恢复原有的水位变化趋势，缓慢下降；分析该时间段，水库水位发生了跳变，可能为自动采集系统采集点信号发生了漂移。

（3）在水位资料整编中，需要剔除该数据点，对该点水位数据进行插补、修正，并标注某月某日至 17 日由于自记信号问题，采用水位查补修正资料整编。

【思考与练习】

1. 如何进行水库水位资料合理性判断？

2. 举例说明水位变化的几种一般特性。

3. 举例说明水位变化的几种特殊性。

▲ 模块 3 水位资料修正（ZY5802204001）

【模块描述】 本模块介绍水位数据的处理。通过要点讲解、案例分析，掌握水位数据插补、修正等处理方法。

【模块内容】

一、水位资料修正操作原则及注意事项

1. 操作的一般原则

（1）水位资料修正按照《水文资料整编规范》（SL 247—2012）的要求进行。

（2）当出现水尺零点高程变动、短时间水位缺测或观测错误时，必须对观测水位进行改正或插补。

（3）水位插补可选用直线插补法、过程线插补法、相关插补法。

（4）直线插补法，可按式（4-19-2）计算

$$Z = Z_1 + (Z_2 - Z_1)\frac{t - t_1}{t_2 - t_1} \tag{4-19-2}$$

式中 Z——内插的水位，m；

    Z_1——t_1 时刻水位，m；

    Z_2——t_2 时刻水位，m；

    t——内插水位时刻，h；

    t_1——内插水位的上一相邻时刻，h；

    t_2——内插水位相邻下一时刻，h。

2. 操作的注意事项

进行水位插补时，要明确各插补方法的适用情况。

（1）直线插补法。当缺测期间水位变化平缓，或虽变化较大，但呈一致的上涨或下落趋势时，可用缺测时段两端的观测值按时间比例内插求得。

（2）过程线插补法。当缺测期间水位有起伏变化，如上（或下）游站区间径流增减不多、冲淤变化不大、水位过程线又大致相似时，可参照上下游站水位的起伏变化，

勾绘本站过程线进行插补。

（3）相关插补法。当缺测期间水位变化较大，或不具备上述两种方法的条件，且本站与相邻站的水位有密切关系时，可用此法插补。相关曲线可用同时水位或相应水位点绘。

二、操作要求（包括相关规程对操作的有关规定）

（1）当单个时间点水位数据问题时，对应情况为单一时间点上数据出现错误或丢失，可以用直线插补法进行数据修正或插补。

（2）当多个连续点错误时，需要分析该期间水位变化情况，判断情况，选用合适的水位插补、修正方法。

（3）洪峰起涨点水位缺测时，如起涨点以前的水位变化很小，可将起涨前最后一次观测的水位移作起涨点水位；如起涨前水位有明显的退水趋势时，可连绘退水过程线进行插补。

三、操作中异常情况及其处理原则

（1）当水库水位数据缺测或丢失时间较长时，应查找原因，采用相关插补法进行数据恢复，并提出分析报告。

（2）做出明确标记，如"7月14～18日由于自记故障，采用某某站相关插补法整编"。

四、案例分析

案例 4–19–3： 现有某水库逐时水库水位（见表 4–19–3），按合理性检验结果，19:00 数据发生了突变，需要进行修正，按直线内插法进行修正。

表 4–19–3　　　　　　　　　　　某水库逐时水库水位

时间	坝上水位（m）	时间	坝上水位（m）	时间	坝上水位（m）
8:00	260.16	17:00	260.08	1:00	260.04
9:00	260.18	18:00	260.10	2:00	260.03
10:00	260.17	19:00	259.50	3:00	260.03
11:00	260.16	20:00	260.08	4:00	260.03
12:00	260.16	21:00	260.06	5:00	260.03
13:00	260.14	22:00	260.07	6:00	260.03
14:00	260.12	23:00	260.07	7:00	260.03
15:00	260.09	0:00	260.06	8:00	260.03
16:00	260.08				

计算过程如下：

$$Z = Z_1 + (Z_2 - Z_1)\frac{t - t_1}{t_2 - t_1}$$

$$= 260.10 + (260.08 - 260.10)\frac{19 - 18}{20 - 18}$$

$$= 260.09$$

【思考与练习】

1. 水位插补常用几种方法？

2. 简述直线内插法公式。

3. 洪水期水位丢失，如何进行处理？

第二十章

降 水 资 料 整 编

▲ 模块 1 降水资料的整编（ZY5802201002）

【模块描述】本模块介绍水库降水资料的整编。通过要点讲解、案例分析，掌握水库降水资料整编的方法。

【模块内容】

一、降水资料的整编操作原则及注意事项

1. 操作的一般原则

（1）降水资料的整编按照《水文资料整编规范》（SL 247—2012）的要求进行。

（2）整编时应对观测记录进行审核。

（3）编制逐日降水量表、降水量摘录表。

（4）统计各时段最大降水量。

（5）对于水库流域，应采用算术平均法、泰森多边形法、等雨量线法统计流域平均降雨。

（6）当一个站同时有自记记录和人工观测记录时，应使用自记记录；自记记录有问题的部分可用人工观测代替，但应附注说明。自记记录无法整理时，可全部使用人工观测记录，同时期的降水量摘录表与逐日降水量表所依据的记录，必须完全一致。

2. 操作的注意事项

（1）观测记录审核时，应检查有无缺测和观测、记载、计算方面的错误；对于自记雨量资料，除检查时间和虹吸的订正是否恰当外，还应着重检查发生故障的处理是否正确。

（2）在统计小于等于 60min 时段降水量时，其查读误差一般不超过 0.5mm；降水强度很大时不超过 1.0mm；统计大于 60min 时段降水量时，其查读误差一般不超过 0.1mm；降水强度较大时不超过 0.3~0.5mm。

（3）自记记录无法整理时，可全部使用人工观测记录。同时期的降水量摘录表与逐日降水量表所依据的记录，必须完全一致。

二、操作要求（包括相关规程对操作的有关规定）

（1）水库流域平均雨量，一般采用泰森多边形法计算；如雨量站点分布均匀，各雨量站控制流域面积相差不大，也可采用算术平均法计算。

（2）流域降雨日平均统计时段按水文日统计，即8:00～次日8:00。

（3）仅在汛期（或其他时段）观测降水量的站应说明："汛期站，仅在××月××日至××月××日观测"。

（4）观测资料来源于气象站，当日分界与《降水量观测规范》（SL 21—2015）规定不符时应说明。

三、操作中异常情况及其处理原则

当自记雨量站资料缺测或丢失时间较长时，应查找原因，如该站无人工观测资料，应采用可根据地形、气候条件和邻近站降水量分布情况，采用邻站平均值法、比例法或等值线法进行插补。

四、案例分析

案例4-20-1：现有某水库流域受台风水汽影响，产生大降雨过程，流域内各站逐小时降雨见表4-20-1，请计算该水库流域逐时平均降雨及日平均降雨。

表4-20-1 　　　　　某水库流域某年某月某日逐时降雨量表 　　　　　（mm）

时间	五道沟	横道子	丰满	蛟河	常山	退团	爱林	白石山	桦树
9:00（某日）	1	12	3	8	6	1	8	6	16
10:00	1	5	1	3	3	8	2	4	17
11:00	2	2	5	2	6	4	4	3	4
12:00	4	4	7	9	9	6	7	3	6
13:00	7	4	2	6	8	6	3	5	5
14:00	6	0	0	0	0	1	0	2	1
15:00	5	2	0	1	0	0	0	0	1
16:00	3	0	0	4	0	2	1	1	2
17:00	3	2	0	1	7	1	2	0	3
18:00	0	0	0	1	2	4	1	2	2
19:00	1	1	0	3	0	0	2	0	0
20:00	0	0	0	1	1	0	0	0	0
21:00	1	0	0	0	0	0	0	0	0
22:00	0	0	0	0	0	0	1	0	0
23:00	0	0	0	3	0	1	2	0	0

时间	五道沟	横道子	丰满	蛟河	常山	退团	爱林	白石山	桦树
0:00（下一日）	1	0	0	0	0	0	0	0	0
1:00	0	0	0	0	0	0	0	0	0
2:00	0	0	0	0	0	0	0	0	0
3:00	1	0	0	0	0	0	0	0	0
4:00	0	0	0	0	0	1	0	0	0
5:00	0	1	0	0	0	0	0	1	1
6:00	0	1	1	0	0	1	0	1	0
7:00	1	0	0	0	0	0	0	0	0
8:00	0	0	0	0	0	0	0	0	1

按算术平均法计算，计算逐时平均降雨及日平均降雨，结果见表 4-20-2。

表 4-20-2　　　　某水库流域某年某月某日逐时降雨及日平均降雨量　　　　（mm）

时间	五道沟	横道子	丰满	蛟河	常山	退团	爱林	白石山	桦树	平均雨量
9:00（某日）	1	12	3	8	6	1	8	6	16	6.8
10:00	1	5	1	3	3	8	2	4	17	4.9
11:00	2	2	5	2	6	4	4	3	4	3.6
12:00	4	4	7	9	9	6	7	3	6	6.1
13:00	7	4	2	6	8	6	3	5	5	5.1
14:00	6	0	0	0	0	1	0	2	1	1.1
15:00	5	2	0	1	0	0	0	0	1	1.0
16:00	3	0	0	4	0	2	1	1	2	1.4
17:00	3	2	0	1	7	1	2	0	3	2.1
18:00	0	1	0	1	2	4	1	2	2	1.4
19:00	1	1	0	3	0	0	2	0	0	0.8
20:00	0	0	0	1	1	0	0	0	0	0.2
21:00	1	0	0	0	0	1	0	0	0	0.2
22:00	0	0	0	0	0	1	0	0	0	0.1
23:00	0	0	0	3	0	1	2	0	0	0.7
0:00（下一日）	1	0	0	0	0	0	0	0	0	0.1

续表

时间	五道沟	横道子	丰满	蛟河	常山	退团	爱林	白石山	桦树	平均雨量
1:00	0	0	0	0	0	0	0	0	0	0.0
2:00	0	0	0	0	0	0	0	0	0	0.0
3:00	1	0	0	0	0	0	0	0	0	0.1
4:00	0	0	0	0	0	1	0	0	0	0.1
5:00	0	1	0	0	0	0	0	1	1	0.3
6:00	0	1	1	0	0	1	0	1	0	0.4
7:00	1	0	0	0	0	0	0	0	0	0.1
8:00	0	0	0	0	0	0	0	0	1	0.1
日雨量	37	35	19	42	42	38	32	28	59	36.9

【思考与练习】

1. 观测记录审核时，应检查哪些内容？

2. 在统计时段降水量时，误差范围是如何规定的？

3. 水库流域平均雨量，一般采用什么方法进行统计？

4. 流域降雨日平均统计时段如何规定？

▲ 模块 2　降水资料的合理性判断（ZY5802202002）

【模块描述】本模块介绍水库流域降水资料的合理性判断。通过要点讲解、案例分析，掌握水库流域降水资料合理性判断的方法。

【模块内容】

一、降水资料的整编操作原则及注意事项

1. 操作的一般原则

（1）降水资料的整编按照《水文资料整编规范》（SL 247—2012）的要求进行。

（2）雨量站各时段最大降雨量应随时间加长而增大，长时段降雨强度一般应小于短时段的降雨强度。

（3）雨量站降水量摘录表或各时段最大降水量表与逐日降水量对照。检查相应的日量及符号，24h 最大量应大于等于一日最大量，各时段最大量应大于等于摘录中相应的时段量。

2. 操作的注意事项

雨量站雨量合理性检查应坚持单站合理性检查和综合合理性检查方法。

二、操作要求（包括相关规程对操作的有关规定）

（1）邻站逐日降水量对照。用各站的逐日降水量表直接比较，也可编制各站逐日降水量对照表比较。在发生大暴雨或发现有问题的地区，可用相邻各站某次暴雨的自记累积曲线或编制时段降水量对照表进行检查。

通常相邻站的降水时间、降水量、降水过程是相近似的。如果发现某站情况特殊，要进一步检查其原因，是否观测有误或雨区移动、地形特点等所造成。

（2）邻站月、年降水量及降水日数对照。可编制月年降水量及降水日数对照表进行检查。各站可按地理位置，自北而南、自西而东的次序排列，也可采用其他排列方法。使相邻站在表中排在相近的位置上。

检查时，若发现某站降水量或降水日数与邻站相差较大，应分析原因，并在有关表中附注说明。

（3）暴雨、汛期及年降水量等值线检查。

三、操作中异常情况及其处理原则

当采用邻站降雨对照，发现降雨差距较大，可能存在问题时，有条件的应采用降雨等值线图法，进行确认。

四、案例分析

案例 4–20–2：现有某水库流域 2013 年 8 月 14 日～17 日 8:00，受副热带高压后部高空槽影响，自身遥测站统计场次降雨 157.6mm；但地方气象部门布设在该流域内的遥测站点统计场次降雨 178.3mm，偏差降雨近 20.7mm；请做出合理性分析。

合理性分析过程如下：

（1）查找各系统在该流域内布设站点在本场次降雨值，进行对比分析，定位可能出问题的站点，见表 4–20–3。

表 4–20–3 遥测站场次降雨对比

站点	某江电站数据（mm）	地方气象数据（mm）	某河电站数据（mm）
松江	157	225.9	229.5
二道白河	200	188.2	219

从松江站看，地方气象局数据与邻近某河电厂数据接近，与某江电厂数据偏差最大达 72.5mm。某江站遥测降雨站点出现问题概率很大。

（2）点绘包含该流域的大尺度场次降雨等值面图。

如图 4–20–1 所示，某江流域降雨处于 210mm 等值面上；但地方气象部门布设在该流域内的遥测站点统计场次降雨 178.3mm，更为可信。

图 4-20-1 场次松花江雨量等值线

（3）从场次降雨产流系数计算上，进行辅助判断。

以地方气象部门场次降雨 178.3mm 计算，场次产流系数 0.82；以松花江雨量等值线图 210mm 计算，场次产流系数 0.70；按某江电厂遥测降雨 157.6mm 计算，产流系数为 0.93；从该流域产流系数的合理区间，场次 0.7～0.8 最为可能，场次降雨应在 180mm 以上。

综合判断，某江电站流域遥测站点问题较大，可能在站点选址、站点周边环境、遥测站硬件及应用软件（统计部分）等存在问题，需要具体分析，加以整改。

【思考与练习】

1. 在雨量的合理性判断中，如何应用雨强？

2. 当发现某站降水量或降水日数与邻站相差较大时，如何处理？

3. 本模块案例中，采用了几种方法进行合理性判断？

模块 3　降水资料修正（ZY5802205001）

【**模块描述**】本模块介绍降水数据的合理性判断。通过要点讲解、案例分析，掌握降雨数插补、修正等处理方法。

【**模块内容**】

一、降水资料修正的操作原则及注意事项

1. 操作的一般原则

（1）降水资料的修正按照《水文资料整编规范》（SL 247—2012）的要求进行。

（2）降水量的插补。缺测之日，可根据地形、气候条件和邻近站降水量分布情况，采用邻站平均值法、比例法或等值线法进行插补。

（3）降水量的修正。如自记雨量计短时间发生故障，使降水量累积曲线发生中断或不正常时，通过分析对照或参照邻站资料进行改正，对不能改正部分采用人工观测记录或按缺测处理。

2. 操作的注意事项

降水量的插补或修正后，整编时需要做出明确标记。

二、操作要求（包括相关规程对操作的有关规定）

某时段观测资料系移用（或插补）的站应说明"××月××日至××月××日缺测，系移用邻近相距约××千米的××水库站观测成果（系用等值线法插补求得）"。

三、操作中异常情况及其处理原则

经面上对照检查发现有问题的站应做出说明，如"经与邻站对照，××月××日降水量可能缺测；经与邻站对照，4 月 9 日降水量改为 4 月 10 日"。

四、案例分析

案例 4–20–3：现有某水库流域 2013 年 8 月 14 日～17 日 8:00，受副热带高压后部高空槽影响，流域产生大降雨过程，流域内二道甸子遥测站雨量缺测，请用两种方法，进行缺测降雨资料插补。

松花江雨量等值线如图 4–20–2 所示。

计算过程如下：

（1）根据邻近站降水量分布情况，采用邻站平均值法进行计算。

二道甸子遥测站周围临近站选用横道子、色洛河、民立等三站，降雨平均值=（90+151.5+200）/3=147（mm）。

（2）采用降雨量等值线法，点绘降雨分布图，绘制暴雨等值线，查出二道甸子遥测站降雨等直线，为 140mm 等值线上。

开始时间　2013年08月14日16:00
结束时间　2013年08月18日16:00

图 4–20–2　松花江雨量等值线图

（3）综合判定，二道甸子遥测站降雨两种插补值为 147、140mm，二者差值不超过 5%，选用 147mm 作为记录值。

（4）记录。经与邻近横道子、色洛河、民立等三站对照，二道甸子遥测站 2013 年 8 月 14 日～17 日 8:00 降水量缺测，经对照，2013 年 8 月 14 日～17 日 8:00 降水量插补为 147mm。

【思考与练习】

1. 如何进行降雨量插补？

2. 如何进行降雨量修正？

3. 降雨量插补后如何进行记录？

第二十一章

流量资料整编

▲ 模块1　流量资料的整编（ZY5802201003）

【模块描述】本模块介绍水库入、出流量资料的整编。通过要点讲解、案例分析，掌握水库入、出流量资料整编的方法。

【模块内容】

一、流量资料整编的操作原则及注意事项

1. 操作的一般原则

（1）流量资料整编按照《水文资料整编规范》（SL 247—2012）的要求进行。

（2）水库的出库流量计算，一般包括发电流量、溢流量等。

（3）发电流量计算采用机组效率曲线查算法，根据计算时段的水头和机组出力，在机组效率曲线上，查算出对应的发电流量。

（4）泄洪期溢流量根据库水位、闸门开启时间、开启孔数及开度通过溢流曲线（表）查算求出。

（5）水库的入库流量由水量平衡方法计算求出。计算公式为

流入水量=流出水量+渗漏损失水量+蒸发（或结冰）损失水量±水库水量差

水库水量差当水库水位上升时为正值，下降时为负值。

（6）水库渗漏损失水量，包括坝体及坝基渗漏、停运机组取水闸门或弧形闸门、导水翼漏水、溢流闸门漏水等，一般采用经验值，如某水库按 $1 \mathrm{m}^3/\mathrm{s}$ 计算。

（7）水库水面蒸发损失水量根据月份、时段平均（一般为月平均值）水库水位由蒸发损失曲线上查出。结冰期不计算蒸发损失水量。

（8）水库结冰期由于水位下降造成沿库岸冰块搁置所损失的水量，根据月份、时段初及时段末库水位由结冰损失曲线上查出。

（9）水库蓄水量变化（水库水量差）根据时段末和时段初水位，由库容曲线（表）查出时段末库容和时段初库容相减而得。

（10）水库的入库流量、出库流量计算，一般均实现程序化，一般用发电用水计算

软件计算，计算内容包括发电量、最大、最小出力、发电流量、耗水率、溢流量、入库流量等。

2. 操作的注意事项

流入量应恒为正值；但在流入量甚小时，算得日平均流入量可能为负值，此时应按计算值记录和积累，但向外发报时流入量不报负值而报作零。

二、操作要求（包括相关规程对操作的有关规定）

（1）利用机组效率曲线求流量即已知水头和出力，求发电流量，使用的方法是对出力、水头和流量进行二次插值。

（2）每月需整编出水库运行情况表，打印存档。

三、操作中异常情况及其处理原则

水库流量资料系列计算，一般采用软件计算，当软件发生异常时，需采用人工计算，并将计算结果，输入系统，进入数据库，形成完整的资料系列。

四、案例分析

案例 4-21-1： 现有某水库流域 2013 年 8 月 2 日 8:00，水库水位为 257.95m，库容为 66.27 亿 m³；8 月 3 日 8:00，水库水位为 257.89m，库容为 66.06 亿 m³；8 月 2 日出库流量 1810m³/s，蒸发损失经查蒸发损失曲线为 13m³/s，渗漏损失按经验值取 1m³/s，水库无弃水，计算入库流量。

计算过程如下：

流入水量＝流出水量＋渗漏损失水量＋蒸发（或结冰）损失水量±水库水量差

$$=1810×86\ 400+1×86\ 400+13×86\ 400+（66.06-66.27）×100\ 000\ 000$$

$$=136\ 593\ 600（m³）$$

入库流量＝流入水量/时间

$$=136\ 593\ 600/86400$$

$$=1581（m³/s）$$

【思考与练习】

1. 简述水库出库流量计算过程。

2. 简述水库入库流量计算过程。

3. 发电用水计算，主要计算哪些内容？

◢ 模块 2　流量资料的合理性判断（ZY5802202003）

【模块描述】本模块介绍水库入、出流量资料的整编和合理性判断。通过要点讲解、案例分析，掌握水库入、出流量资料合理性判断的方法。

【模块内容】

一、流量资料合理性判断的操作原则及注意事项

1. 操作的一般原则

水库的出库流量计算，一般包括发电流量、渗漏损失流量、溢流量等；发电流量计算采用机组效率曲线查算法，渗漏损失取用经验值，水量差由库容曲线查得，溢流量由溢流曲线查得。

（1）根据水库出库流量计算的环节，水库出流量的合理性检查应从下述环节展开：

1）机组效率曲线是否经过率定，是否符合现实运行状况。水机效率随水头和导叶开度不同而变化，机组耗水率在高效区与低效区相差成倍。在计算发电用水时，用毛水头而不是净水头，或不考虑水机导叶开度，必然导致计算发电用水与实际发电用水产生误差。

2）机组的特性随着使用周期和检修情况而变化，机组效率试验数据需要不断更新；如试验不及时，效率曲线应用未更新，也会导致水库发电流量计算产生误差。

3）水库的溢流曲线是否反映实际情况，门、孔是否经过率定。

水库的入库流量由水量平衡方法计算求出，计算中扣除出库流量计算环节，还包括水库渗漏损失水量、水库水面蒸发损失水量或结冰损失水量（不同时出现）、水库蓄水量变化等。

（2）根据水库出库流量计算的环节，水库出流量的合理性检查应从下述环节展开：

1）水库的渗漏损失一般取用经验值，是否反映实际情况，应进行测量比对。

2）水库水面蒸发损失水量由蒸发损失曲线上查出，是否反映实际情况，需确定是否试验比对。

3）水库结冰损失水量由结冰损失曲线上查出，是否反映实际情况，需确定是否试验比对。

4）水库蓄水量变化（水库水量差）由库容曲线（表）查出时段末库容和时段初库容相减而得，库容曲线是否准确，需要核实、分析。在某水库存在 5 次更换库容曲线的现象，其真实性、合理性需要不断验证，并趋向真实。

2. 操作的注意事项

水库入、出库流量计算环节多，均为查算获得，非实测结果，任何一环节出错，均会导致计算结果错误。因此，需要对每个环节定期做合理性判断。

二、操作要求（包括相关规程对操作的有关规定）

（1）按计算环节，定期对出库流量的合理性进行判断、分析。

（2）按计算环节，定期对入库流量的合理性进行判断、分析。

（3）有出库控制站的水库，出库流量应与出库控制站得出的流量进行对比分析，

判断其合理性。

（4）出库流量应与尾水位流量关系线查得的流量进行对比分析，判断其合理性。

三、操作中异常情况及其处理原则

流入量应恒为正值。但在流入量出现负值时，尤其长时间段出现负值，应是计算环节出现问题，需要进行分析，查找原因。

四、案例分析

案例 4–21–2：某水库出库流量与下游控制站流量比对，偏差在 10% 以上，需要进行出库流量合理性判断。

出库流量偏差原因，分析查找如下：

（1）机组效率曲线核实。2 号机组近期做效率试验，48m 水头、出力 10 万 kW 时，由水轮机厂家给定，发电用水为 230m³/s；近期效率试验结果，发电用水为 261m³/s。效率试验的结果，没有引入水库出流计算，没有更新计算使用的机组效率曲线。

（2）进行机组进口拦污栅的检查，发现拦污栅前后水压差达 1m，造成机组进水口水头损失达 2%。

（3）进行水库的溢流曲线率定，变化不大，继续应用原溢流曲线。

【思考与练习】

1. 水库出库流量计算合理性检查包括哪些环节？

2. 水库入库流量计算合理性检查包括哪些环节？

3. 简述水库流量合理性检查的一般要求。

模块 3 流量资料修正（ZY5802206001）

【模块描述】 本模块介绍流量数据的合理性判断，错误、缺、漏数据的插补、修正。通过要点讲解、案例分析，掌握数据合理性判断、插补、修正的方法。

【模块内容】

一、流量资料修正的操作原则及注意事项

1. 操作的一般原则

（1）进行历年流量系数曲线对照，可检查当年定线的正确性与曲线两端延长的合理性，如发现曲线有异常情况，应检查其原因。

（2）进行流量与水位过程线对照，可参照闸门开启高度、水位差等因素进行检查，两种过程线的变化趋势应相应，且流量过程线上的实测点不应有系统偏离，如发现反常情况，可从流量计算公式的应用相关曲线点绘和计算方面进行检查。

（3）核实机组效率曲线是否经过率定，如率定，应修正机组效率曲线，更新发电用水计算程序相关参数，对有影响段流量系列重新计算。

（4）核实机组进水口拦污栅前后水压差，如过大，应分析原因，采取措施；如清理拦污栅，减少水头损失。

（5）进行水库的溢流曲线率定，变化大时，率定出新的溢流曲线，并在计算程序更换。

（6）检查核实渗漏损失、蒸发损失曲线、结冰损失曲线等，是否还符合实际，如偏差大，进行试验，加以修正。

（7）检查库容曲线，淤积问题是否影响库容曲线，应用的库容曲线是否真实，应分析判断，如问题较大，需复核库容曲线，经批准后，更新应用。

2. 操作的注意事项

水库入、出库流量计算环节多，均为查算获得，非实测结果，任何环节出错，均会导致计算结果错误。因此，需要对核实每个环节，及时对计算程序做出修正，以保证流量成果的合理性。

二、操作要求（包括相关规程对操作的有关规定）

（1）当缺失资料时间较短、次数较少时，应通过出库控制站或尾水位流量关系线对照进行分析插补以使资料完整，并应加以说明。

（2）有出库控制站的水库，出库流量与出库控制站得出的流量长时间对比分析，相关性好、规律性强的，水库的出库流量在无法计算时，可考虑用出库控制站得出的流量进行相关性处理后，插补、修正。

（3）当出库流量与尾水位流量关系线查得的流量长时间对比分析，相关性好、规律性强的，水库的出库流量在无法计算时，可考虑用出库控制站得出的流量进行相关性处理后，插补、修正。

（4）梯级水库，下游水库的入流应不小于上级水库的出流，在枯季，区间来水可忽略不计的时段内，下游水库的入库流量缺失时，可用上级水库的出库代替。

三、操作中异常情况及其处理原则

流入量应恒为正值；但在流入量出现负值时，尤其长时间段出现负值，需要进行分析，查找原因。

四、案例分析

案例 4–21–3：北方某梯级水库，12 月某天流量计算问题，需要进行水库流量修正。插补过程如下：

（1）收集梯级上级水库当天出库流量，为 $120m^3/s$，考虑水库已结冰，梯级区间流域无其他水库，天然来水可按 0 考虑，该水库入库流量可按 $120m^3/s$ 考虑。

（2）经查该水库的水位过程，计算得出该天水位库容差流量为 $-30m^3/s$。

（3）按经验值，该水库渗漏损失流量为 1m³/s。

（4）查结冰损失曲线，该天结冰损失流量 13m³/s。

（5）经水量平衡计算，该天水库的出库流量为 136m³/s。

（6）经查该水库的尾水位流量关系线，计算得出该天平均出库流量为 128³/s，与水量平衡计算结果比，差 5.9%，两者偏差不大。

（7）整编中记录。经检查，12 月某日某水库流量计算问题，采用上级水库处库流量，水库入流修正为 120m³/s，水库出库流量计算为 136m³/s；经与尾水位流量关系线法计算核实，偏差不大，可采纳。

【思考与练习】

1. 水库流量合理性检查一般核实哪些内容？

2. 机组进水口拦污栅前后水压差过大，在水库流量计算中会造成什么问题？

3. 当水库流量缺失资料时间较短、次数较少时，应通过哪些途径补全？

第二十二章

发电运行信息整编

▲ 模块 1 机组发电运行信息整理（ZY5802202004）

【**模块描述**】本模块介绍机组发电运行信息整理。通过要点讲解、案例分析，掌握机组发电运行信息的整理方法和内容。

【**模块内容**】

一、机组发电运行信息整理的操作原则及注意事项

1. 操作的一般原则

（1）机组发电运行信息一般包括机组有功电量、机组无功电量、机组运行时间、机组发电流量、发电耗水率、母线正送电量、母线反送电量、厂用电量等。

（2）机组运行时间根据机组开停机记录进行计算。

（3）厂用电量一般包含堰堤用电、动力用电、电热用电、线路用电等。

（4）各机组发电量、厂用电、母线线路正反送电量的原始记录，为电能表读数，为电量累计值，计算时应当按时段求两者的发电量累计值差与电能表的倍率相乘获得。

（5）机组发电量=结束时间发电量累计-开始时间发电量累计；当发生校表时，需要进行电量修正。

（6）厂用电量=所有厂用电线路的正送发电量-所有厂用电线路的反送发电量。

（7）线路正送电量=所有输电线路正送电量之和；线路反送电量=所有输电线路反送电量之和。

（8）时段线路正送或反送发电量=线路时段结束时间发电量累计-线路时段开始时间发电量累计。

（9）主变压器及母线损失=发电量+反送电量-正送电量。

（10）发电耗水率计算，按式（4-22-1）进行

$$\varepsilon = \frac{W_E}{E}$$

（4-22-1）

式中　W_E——统计时段内的发电用水量；

　　　E——该时期的总发电量。

2. 操作的注意事项

各种电量原始数据为电能表读数，为电量累计值，计算时应当按时段求两者的发电量累计值差与电能表的倍率相乘获得。

二、操作要求（包括相关规程对操作的有关规定）

水库的机组运行信息，每月需要形成正式资料，装订进水库运行资料中。

三、操作中异常情况及其处理原则

当发电用水计算软件出现问题时，水库调度应根据原始记录（中控室电能表读数、水库上下游水位、每台机组开停机时间），人工计算日发电量、日发电用水、日入库流量、耗水率等资料。

四、案例分析

案例 4-22-1：现有某水电站某号机组，昨日 8:00 有功读数为 55 3850，今日 8:00 有功读数为 554 650，电能表倍率为 1308，求该机组昨日发电量。昨日该水电站发电量 1668 万 kWh，发电用水量为 11 059.2 万 m³，求昨日的发电耗水率。

求解过程如下

机组发电量=（554 650–553 850）×1308=1 046 400（kWh）

发电耗水率为

$$\varepsilon = \frac{W_E}{E} = \frac{11\,059.2}{1668} = 6.63\,(\mathrm{m^3/kWh})$$

【思考与练习】

1. 机组发电运行信息一般包含哪些内容？

2. 简述发电耗水率计算公式。

3. 机组运行时间通过什么来进行计算？

第二十三章

水库调度手册修编

▲ 模块 1　调度手册资料的整理（ZY5802203001）

【模块描述】本模块介绍调度手册资料的整理。通过要点讲解、案例分析，掌握水库调度手册资料整理的方法和资料收集的途径。

【模块内容】

一、调度手册资料整理的操作原则及注意事项

1. 操作的一般原则

（1）水库调度资料一般包括基本情况资料、防洪应用资料、兴利应用资料。

（2）基本情况资料主要为日常调度必备，应包括简介、水库工程概况、流域内水利设施情况、水库特征值表及曲线、历史资料等。

（3）水库工程概况一般包括水库工程概况表、水轮发电机概况表。

（4）流域内水利设施情况主要指水库以上流域内水利设施调查统计表。

（5）水库特征值表及曲线一般包括水库最大溢流表、水库设计多年运行特性表、水库调度图数据表、水库溢洪道单孔溢流曲线表、水库容积、面积表、机组最大出力表、水库坝下水位流量关系曲线表、土地淹没利用面积汇总表、水库防洪风险图、农村人口及房屋淹没统计表、遥测站点地理坐标表。

（6）历史资料一般包括水库运行综合情况表、逐月平均降雨量表、逐旬平均降雨量表、逐月平均入库流量表、逐月平均入库水量表、逐旬平均流量表、水库平均水头表、年发电量表、月平均发电量表、月平均出力表、历年发电流量表、溢流量表、洪峰洪量系列表、水库旬末水位表、逐月平均流入量频率表、各时段平均流入量频率表等。

（7）防洪运用资料一般包括设计资料和防洪调度资料。

（8）防洪运用设计资料一般包括水库设计洪水成果表、设计洪水调洪计算成果表、典型年设计洪水过程线、典型年的调洪计算成果表、流域各站主汛期设计洪水参数成果表、水库下游堤防情况表、水库溃坝时可能淹没情况表等。

（9）防洪调度资料一般包括：流域内控制站降雨径流关系特征值统计表、汇流曲线成果表、退水曲线、汛期各时段防洪限制水位表、洪水传播时间表等。

（10）兴利运用资料一般包括水库下游干流区间现状水平年需水量统计表、水库下游支流现状水平年需水量统计表、历年水库供水定额表、主要运行记事表等。

（11）耗水率的计算公式

$$\varepsilon = \frac{W_{E}}{E}$$

式中　　W_{E}——统计时段内的发电用水量；

　　　　E ——该时期的总发电量。

（12）水量利用系数的计算公式

$$水量利用系数 = \frac{流入总量 - 溢流总量 - 损失水量}{总流入量}$$

其中损失水量包括蒸发损失、渗漏损失、结冰损失等。

（13）径流系数的计算公式

$$径流系数 = \frac{总流入量}{流域面积 \times 降雨量} \times 100\%$$

（14）来水频率的计算

按流入量从大到小排序，采用

$$P = \frac{n}{N+1} \times 100\%$$

式中　　n——Q_n在流入量系列中的排位号。

　　　　N——流量系列的长度。

2. 操作的注意事项

（1）水库调度手册资料内容多、涉及面广，需要多渠道收集。一般考虑从水电站自身、水库设计单位、水文部门、地方气象部门等地搜集。

（2）水库调度手册资料必须标明来源与出处。

二、操作要求（包括相关规程对操作的有关规定）

（1）水库调度手册资料每年整编，多年平均等统计值 5 年更新替换。

（2）每 5 年印制水库调度手册，投入水库调度应用。

三、操作中异常情况及其处理原则

水库调度手册资料内容多、涉及面广，收集困难，对于暂时因费用等原因无法收集到的资料，可先空缺；在后期通过立项等途径，申请费用，用于购买资料，补充成册。

四、案例分析

案例 4-23-1：某水库控制流域面积 42 500km^2，2012 年流域平均降雨 735mm，入库流量 402m^3/s，出库流量 395m^3/s，弃水量 8.66 亿 m^3，发电量 15.96 亿 kWh，不考虑损失水量，计算 2012 年耗水率、水量利用系数、径流系数。

计算过程如下：

1. 耗水率计算

$$发电流量=出库流量-弃水流量$$
$$=395-8.66\times100\ 000\ 000/366/86\ 400$$
$$=367.6\ （m^3/s）$$

$$耗水率\quad \varepsilon=\frac{W_E}{E}$$
$$=367.6\times86\ 400\times366/（15.96\times100\ 000\ 000）$$
$$=7.28\ （m^3/kWh）$$

2. 水量利用系数计算

$$水量利用系数=\frac{流入总量-溢流总量-损失水量}{总流入量}$$
$$=（402\times366\times86\ 400-8.66\times100\ 000\ 000）/（402\times366\times86\ 400）$$
$$=0.932$$

3. 径流系数的计算公式

$$径流系数=\frac{总流入量}{流域面积\times降雨量}\times100\%$$
$$=（402\times366\times86\ 400）/（42\ 500\times1\ 000\ 000\times735/1000）$$
$$=0.407$$

【思考与练习】

1. 结合本水库自身情况，如何完善修编水库调度手册？
2. 水库调度手册资料来源，一般来自哪些地方？
3. 水库调度手册中的历史资料，一般包括哪些？
4. 水库特征值表及曲线，一般包括哪些？

◢ 模块 2 水库调度手册整编的过程和指导（ZY5802203001）

【模块描述】本模块介绍水库调度手册整编的过程和指导。通过要点讲解、案例分析，掌握手册资料的收集、整理、合理性判断，并能指导 Ⅰ、Ⅱ 级人员进行手册的整编。

【模块内容】

一、调度手册资料整编的过程和指导操作原则及注意事项

1. 操作的一般原则

（1）水库调度手册资料整编过程，一般包括资料的收集、整理、合理性判断、资料整编、排版印刷等环节。

（2）水库调度手册资料收集，一般考虑从水电站、设计院、水文局、气象局等单位入手。

（3）一般从设计单位收集水库设计报告、防洪调度报告、兴利调度报告、设计洪水报告等，获得洪水调度方案、设计洪水成果、电力调度方案、兴利调度方案、工作内容与任务等资料。

（4）从水文部门收集水库流域水文站点的水位、流量资料，包括日值、洪摘、雨摘等资料，如可能，还需从水文部门收集流域控制站点的洪水预报方案。

（5）从水文部门收集水库流域内雨量报汛站资料，日降雨资料、雨摘资料等。

（6）从气象部门获得流域气象情况资料及流域内气象站点的降雨量资料系列。

（7）从水库自身布设的遥测雨量站、水情站，获得降雨、水位、流量资料，数据来源于水库调度自动化系统。

（8）不同来源的资料，需要整理分析，对于重叠部分，需要判断后，确定选用材料，并加以说明。

2. 操作的注意事项

由于报汛雨量站站点的增、删、迁移等原因，各年在流域平均统计上，参与的站点不同，具体在统计雨量时，需加以说明，或编参与统计雨量站表。

二、操作要求（包括相关规程对操作的有关规定）

（1）水库调度手册资料每年整编，多年平均等统计值 5 年更新替换。

（2）每 5 年印制水库调度手册，投入水库调度应用。

三、操作中异常情况及其处理原则

（1）非汛期，遥测雨量站存在不报汛问题；可能只有部分雨量站有数据，大部分站无降雨资料，代表性差，无法做非汛期流域平均降雨量。建议购买水文部门雨量站点数据，补全降雨资料。

（2）水库调度手册资料内容多、涉及面广，收集困难，对于暂时因费用等原因无法收集到的资料，可先空缺；在后期通过立项等途径，申请费用，用于购买资料，补充成册。

四、案例分析

案例 4–23–2：尼尔基水库刚投入运行时，水库调度手册需要进行编制，资料收集、编制工作过程如下：

（1）收集设计部门相关设计资料、各类设计方案，从中整理出相关设计数据。

1）水工建筑物概况表依据尼尔基水利枢纽工程特性表、《尼尔基水利枢纽初步设计报告》汇总编制。

2）水库以上流域内水利设施调查统计表、水库设计多年运行特性表及尼尔基水库兴利调度图数据表依据尼尔基水利枢纽工程特性表、《尼尔基水利枢纽近期兴利调度运行方案》编制。

3）水库最大泄流能力表、尼尔基水库溢洪道单孔溢流曲线表根据尼尔基水利枢纽水位–流量–闸门开启高度关系曲线编制。

4）耗水率表根据水库坝下水位流量关系曲线、机组出力与水头关系及尼尔基水电站发电系统水头损失计算公式推求而得，但精度、可信度低，需要试验率定。

5）水库容积、面积表依据尼尔基水利枢纽初步设计报告编制。

6）机组最大出力表根据水库坝下水位流量关系曲线、机组最大出力与水头关系及尼尔基水电站发电系统水头损失计算公式推求而得。

7）机组最大出力与水头关系由设计单位提供。

8）坝下 300m 水位流量表 取自《尼尔基水利枢纽初步设计报告》水文基本资料；但与实际坝下水位–流量关系偏差较大，需要进行下游河道大断面测量，制作准确的坝下水位–流量关系曲线。

（2）对历史资料收集、整理，从设计部门、水库运行部门收集，从中整理出相关历史数据。

1）尼尔基水库运行数据。尼尔基水库 2006 年 7 月～2007 年 12 月的发电量、出力、流出量、发电流量、溢流量、水头等数据，取自尼尔基水库逐日运行资料（8:00 系列）。

2）水库入流系列。1898～1998 年的流域逐月平均入库流量取自《尼尔基水利枢纽初步设计报告》；1999～2003 年的流域逐月平均入库流量取自阿彦浅站水文资料；2004～2005 年数据取自《尼尔基水利枢纽工程施工期水情报汛资料汇编》；2006～2007 年取自尼尔基水库逐日运行资料（8:00 系列）。

3）洪水成果系列。1794～1998 年尼尔基水库洪水成果统计表"取自《尼尔基水利枢纽初步设计报告》；1999～2003 年的流域逐月平均入库流量取自阿彦浅站水文资料；2004～2005 年数据取自《尼尔基水利枢纽工程施工期水情报讯资料汇编》；2006～2007 年取自尼尔基水库逐日运行资料（8:00 系列）。

4）降雨数据采用。1970～2007 年采用尼尔基流域逐日平均降雨量表，各年降雨资料来自松辽委水文局降雨月报表。

（3）对图纸资料，主要从设计报告中收集。

1）尼尔基综合退水曲线摘自《尼尔基水库洪水预报方案》。

2）尼尔基水库调度图摘自《尼尔基水利枢纽兴利调度报告》。

【思考与练习】

1. 结合本水库自身情况，如何完善修编水库调度手册？

2. 水库调度手册资料来源，一般来自哪些地方？

3. 水库调度手册中的历史资料，一般包括哪些？

4. 水库特征值表及曲线，一般包括哪些？

第二十四章

汛 期 工 作 总 结

◢ 模块 1　汛期工作总结的编写（ZY5802203002）

【模块描述】 本模块介绍汛期工作总结的编写。通过要点讲解、案例分析，能独立编写汛期工作总结。

【模块内容】

一、汛期工作总结编写的操作原则及注意事项

1. 操作的一般原则

（1）首先编写汛期的总体情况。

（2）编写雨水沙冰情分析。

（3）编写汛期水库运行调度情况、主要调度运用过程。

（4）进行水文气象预报成果误差评定。

（5）提出汛期工作存在问题及相应改进意见。

2. 操作的注意事项

（1）水文气象预报误差评定，要按照《水文情报预报规范》（SL 250—2000）的要求进行。

（2）综合利用效益分析，尽量数据化，不能数据化的定性分析。

（3）水库调度汛期工作总结，每年汛末总结，并报送上级主管部门备案。

二、操作要求（包括相关规程对操作的有关规定）

（1）降水总结。要求编写总体情况，强集中降水及分月降水与均值的比较。

（2）来水总结。要求编写总体及分月情况，洪水、台风情况，5 年一遇以上洪水要求列出频率参数。

（3）气象预报评定。要分中长期及短期，分别评定。

（4）单位采用国际单位制。

（5）有效数字。流量 3 位有效数字，容量 4 位有效数字，水位小数点保留两位，雨量小数点保留一位，其他未明确规定的小数点保留两位。

三、操作中异常情况及其处理原则

当汛期总结中，出现无法确定情况，如水库流域汛期发生大洪水，人类活动影响严重，出现小水库、塘坝垮坝等情况时，需要进行流域调查，将调查结果相关内容编入汛期总结。

四、案例分析

案例 4-24-1：编制某水库 2005 年汛期工作总结。

某发电厂 2005 年汛期工作总结

1 概述

2005 年我厂的水库调度工作按照《中华人民共和国防洪法》《大坝安全管理条例》《水电厂防汛管理办法》及《大中型水电站水库调度规范》（GB 17621—1998）等法律法规，在公司的正确领导下，着重抓好水库防洪调度工作，依靠完善的水情测报系统及水库调度综合自动化系统，提高了水文气象预报精度和水库经济运行效益，完成了安全度汛和水库经济运行任务。

6 月 1 日～9 月 30 日，水库累计来水量 106.86 亿 m³，较多年同期来水量 87.36 亿 m³ 多 19.5 亿 m³，多 22.3%，居历史第 13 位。汛期来水丰。

6 月 1 日～9 月 30 日，水库流域降雨累计 634mm，比多年同期 530mm 多 104mm，多 19.6%。

根据年初的长期预报，今年属偏丰水年，并可能会发生 1～2 次较大的洪水过程。因此在汛前充分考虑了最不利的情况出现，做好了来大水的准备，明确"防重于抢"的指导思想，立足于防大汛、抗大洪、抢大险，具体做到"早动手、早检查、早落实；思想、组织、措施到位；扎扎实实地做好水库防洪调度各项工作；全面落实防汛岗位责任制"。在公司的统一指挥下，在来水特丰、水库上、下游工农业、地方工程施工等与水库防洪矛盾突出的汛期，圆满地完成了水库调度的各项工作。

主要成绩：

（1）丰水年，春汛、夏汛两次集中大发电控制水位，确保了防洪安全，没有产生泄洪，使下游人民避免了重大的溢流损失。

（2）超额完成全年发电任务，丰水年没有弃水，汛末蓄满了水库；超蓄、超发，产生了巨大的发电效益。

2 降雨情况

2.1 降雨

6 月 1 日～10 月 1 日，水库流域累计降雨 634mm，比多年同期平均值 530mm 多 104mm，多 19.6%，居历史第 14 位，见表 4-24-1。

表 4–24–1   6 月 1 日～10 月 1 日降雨情况

月份	6	7	8	9
降雨（mm）	169	246	195	24
多年同期（mm）	115	192	152	71
差额（mm）	54	54	43	47
历史排位	7	11	14	65

6 月 1 日入汛到 7 月中旬前期，冷涡天气活动频繁，且每次过程持续时间较长，阵雨、雷阵雨天气较多；7 月中旬后期受 5 号台风（海棠）影响，副热带高压西进北抬，与大陆高压合并，致使 7 月 16～26 日受高压控制出现了少雨段；7 月 27 日～8 月中旬，副热带高压脊线在 27～35°N 摆动，大气流场经向度加大，受西风带低涡及副高后部切变影响，水库流域出现几次较大降水过程，8 月 18 日以后副高南撤东退，主汛期结束。

降水主要集中在 7、8 两个月，汛期共发生 3 次较大的降水过程，分别为 6 月 28～7 月 7 日的 118.7mm，7 月 7～20 日的 57.8mm，8 月 9～26 日的 120.7mm。

2.2 降雨特点

2.2.1 降雨总量大，降雨天数多。汛期降雨量 634mm，比多年同期平均值 530mm 多 104mm，多 19.6%，居历史第 14 位。6 月 1 日～10 月 1 日，降雨天数为 80 天，占总天数的 65.6%。

2.2.2 降雨强度大，局地暴雨严重，流域内部分地区形成严重的灾害。汛期内降雨超过 10mm 天数为 19 天，占总天数的 18.5%，降雨超过 20mm 天数为 7 天，占总天数的 6.8%。流域内三源蒲、抚民、丰满、五道沟等部分站点，降雨接近或超过 700mm，丰满站更高达 791mm，超过流域平均值 178mm，超出 29%。

局地暴雨形成严重的局地洪涝。6 月 18 日 14:00～19 日 8:00，磐石市境内驿马、富太、红旗岭、呼兰等 4 乡镇范围内突降暴雨，驿马雨量站降雨量达 122mm，局部洪灾，造成 1 人死亡。

2.2.3 汛期来得早，春汛、夏汛没有明显分割。

3 月 16 日，水库进入春汛，期间发生 4 月 19～21 日、5 月 17～18 日两次大的降雨过程，6 月更超多年同期平均雨量达 54mm，春汛、夏汛没有明显分割。

春汛降雨（雪）比多年平均值（包括冬季部分降雪）多 57mm，夏汛降雨比多年平均值多 123mm；验证了流域降雨"春汛大，夏汛大"的特点。

2.2.4 主汛期时间长。6 月 10 日～8 月 18 日主汛期历时 71 天，比常年平均多 20 天。

2.2.5　降水过程多，强降雨过程明显，场次降雨间隔时间短。主汛期内共出现明显降水过程（超过 10mm）为 19 次，大雨过程（降雨超过 20mm）出现 7 次；其中，6月 29 日～7 月 15 日（195.6mm），7 月 25 日～8 月 7 日（121.4mm）两个时间段 31 天，降雨强度大；6 月 9 日～7 月 15 日（除 6 月 23 日），7 月 25 日～8 月 18 日（除 8 月17、18 日），天天有降雨，场次降雨间隔时间短。

2.2.6　切变、冷涡造成的降雨为主体。

大部分场次降雨由切变、冷涡活动形成，见表 4-24-2。

表 4-24-2　　　　　　　　　　降　雨　情　况

序号	开始时间	结束时间	影响系统	降水量（mm）
1	6 月 28 日	7 月 7 日	高空切变	113.4
2	7 月 7 日	7 月 15 日	东北冷涡影响	82.2
3	7 月 24 日	7 月 30 日	副高后部切变降水	61.9
4	8 月 9 日	8 月 13 日	副高后部切变配合台风水汽	55
5	8 月 17 日	8 月 18 日	副高后部高空槽影响	38.8
6	8 月 26 日	8 月 28 日	冷涡影响	30.7

3　来水情况

6 月 1 日～10 月 1 日，水库累计来水量 106.86 亿 m^3，较多年同期来水量 87.36 亿立方米多 19.5 亿 m^3，多 22.3%，居历史第 13 位。夏汛来水丰。夏汛水库最大入库流量 3510 m^3/s，出现在 8 月 19 日。

9 月 8 日，出现夏汛最高水位 263.15m，比历史同期平均水位 257.12m 高 6.03m，居历史夏汛第 8 位，未放流年份第 1 位。10 月 1 日，水库水位 262.66 m，汛末蓄满水库。

4　水库运行情况

1 月 1 日～10 月 1 日累计发电 18.38 亿 kWh，比多年平均 14.32 亿 kWh 多 4.06 亿kWh。为合理控制水库水位，保证主汛期安全度汛，于 6 月 22 日～7 月 23 日第二次大发电，期间发电量 5.6 亿 kWh 春汛、夏汛两次累计大发电 8.3 亿 kWh，占总发电量的 50.09%。

5　汛期调度情况

水库年初库水位为 252.04m，由于春汛来水较多，加上上游电厂由于工程需要降低库水位，使本水库水位 6 月 1 日达到 255.23m，比同期多年平均库水位 248.80m 高

6.43m，比去年同期库水位 252.72m 高 2.51m。

5 月 17 日，由于流域降雨大，春汛来水极丰，水库从 5 月 17 日开始进入大发电；厂就今年春汛来水情况向东北电网进行了专题汇报；5 月 18 日，东北电网及我厂就加大水库出流向吉林市人民政府做了专题汇报，争取地方政府理解与支持。5 月 19 日，向吉林省人民政府发出了"关于××水库大发、满发控制水位的函"的传真。

由于 6 月上旬机组处于大发、多发状态，水库水位稳定下降，到 6 月 18 日水库水位为 253.56m，为今年汛期的最低水位。6 月下旬开始，由于降雨增多，水库入流量增加，从 6 月 22 日开始今年第二次大发电。到 8 月 2 日大发电 42 天，由于 7 月份降雨较多年平均偏多，8 月 1 日水库水位为 256.26m，并稳定上升。

8 月中旬，水库流域发生 3 场 20mm 以上的降雨，水库水位继续稳定上升，8 月 15 日水库水位为 258.94m，8 月 20 日达到 261.51m，处于水库汛期过渡期。为有效拦蓄洪水尾巴，我厂于 8 月 19 日向吉林省防汛抗旱指挥部建议，在后期没有大的降雨过程的情况下，水库水位在 9 月 1 日前控制在 262.50m。8 月 24 日，我厂派人专程去长春与吉林省防汛抗旱指挥部办公室、松花江防汛总指挥部办公室就后期水库水位控制问题进行了专题汇报。8 月 26 日又向吉林省防汛抗旱指挥部建议，在后期没有大的降雨过程的情况下，水库水位在 9 月 1 日前控制在 263.00m。

9 月 1 日，水库水位为 262.93m，9 月 8 日，水库水位最高达到 263.15m，汛末蓄满水库。

6 降雨及来水预报情况

汛期共进行短期天气预报 102 次，中长期天气预报 15 次，不定期为我厂各生产部门提供天气预报多次。按气象预报工作标准测评，今年汛期短期天气预报准确率是：24 小时 81%，48 小时 75%。

汛期进行短期洪水预报多次，对外发布 5 次，预报效果良好，平均精度分别为：洪峰流量 92.7%，洪量 92.3%。最大一次洪水预报出现在 8 月 18～25 日，预报洪峰流量 3387m³/s，实际为 3509m³/s，预报精度为 96.5%；预报洪量 15.44 亿 m³，实际为 14.66 亿 m³，预报精度为 94.7%。

7 水情水调系统运行情况

7.1 水情测报系统维护运行

在汛前的准备工作中，对仓库内的备用端机和中继机进行检测和考机试验，并做好记录。从 4 月中旬～5 月下旬对所有野外设备进行现场检测、安装、调试，对所有的传感器进行率定。确保水情自动测报系统在 6 月 1 日以前投入正常运行。水情自动测报系统从设备春检到汛期的运行过程中发现处理的问题有：

7.1.1 卫星接收中继站馈线损耗大，及时进行了处理。

7.1.2 三期尾水水位计死机现象严重，对芯片进行了更换。

7.1.3 肇大鸡中继站出现亏电，经排查，为太阳能电缆被刮断，已修复。

7.1.4 东山中继站设备出现三次故障，已处理。

7.2 水库调度综合自动化工作

2005 年汛前，我们对水库调度综合自动化系统进行了全面的检查和测试，重点对水库调度系统局域网、Sybase 数据库系统进行了维护。同时，根据上级防汛部门的要求，对水库调度综合自动化系统进行了两次大的改动。

8 存在问题及改进建议

8.1 存在的问题

8.1.1 流域内人类活动对洪水预报精度的影响已不容忽视，应加强对流域内人类活动的调查、分析和研究工作。从 8 月 17 日以后的两次洪水产流上，可以明显分析出流域中、小型水库、塘坝放流、蓄水的两种不同的活动。

8.1.2 技术人员知识相对老化、自动化报汛设备时有故障，使收集水文气象信息、进行水文气象预报、制定水库调度方案受到一定的影响。

8.1.3 库容曲线更换后带来的一系列问题还没有解决，如对水库各应用系统的修改，对洪水预报成果的影响评定，没有完成防洪调度、发电调度、能量指标复核等工作。

8.1.4 中长期预报没有成型的、可作业预报的方案，急需加以研究。

8.1.5 肇大鸡站接收天线电缆是采用低损耗电缆，班组没有备品。（班组只备有普通型号备品）

8.1.6 今年的降雨过程中出现了多次局地暴雨，有部分暴雨区没有遥测站。影响洪水预报精度。

8.1.7 人工观测的雨量与自动测报降雨有误差，各别站误差很大，需要进行研究。

8.1.8 水利部制定《水情信息编码》（SL 330—2011），要求汛后按新的水情电报拍报方法对国家进行报汛，暂时不能实现，需与防汛部门协商；同时，采取必要的工程措施，加以解决。

8.2 改进建议

8.2.1 加大水库调度专业培训力度，做好设备的维护和更新，从而为水库调度业务可持续发展提供必要的保证。

8.2.2 安全度汛与经济发电相结合是做好水库调度工作的关键，汛期防洪和兴利的矛盾十分突出，在安全度汛的基础上，要注重水库经济效益。

8.2.3 加强资料整编及来水分析工作，加强水文中长期预报工作。

9　附件

附表 1　2005 年汛期运行情况统计表（略）

附表 2　2005 年汛期主要来水过程（略）

附表 3　短期洪水预报成果表（略）

附表 4　水情自动测报系统畅通率统计表（略）

附表 5　水情自动测报系统可用度统计表（略）

附图 1　水库 2005 年汛期（6～9 月）水库运行图（略）

附图 2　2005 年汛期 6～9 月水位实况及其在调度图上的位置（略）

附图 3　水库 2005 年汛期降雨、入流、出流过程（略）

附图 4　水库 2005 年汛期降雨分布图（略）

【思考与练习】

1. 汛期工作总结哪些内容？

2. 降水总结有哪些要求？

3. 来水总结有哪些要求？

4. 汛期调度总结有效数字的一般规定是什么？

第二十五章

年 度 工 作 总 结

▲ 模块1 年度工作总结的编写（ZY5802203003）

【模块描述】本模块介绍年度工作总结的编写。通过要点讲解、案例分析，能独立编写年度工作总结。

【模块内容】

一、年度工作总结编写的操作原则及注意事项

1. 操作的一般原则

（1）首先编写年度的总体情况。

（2）编写水雨情情况。

（3）编写水库运行调度情况，包括发电调度、洪水调度、兴利调度等内容。

（4）进行水文气象预报误差评定，包括洪水预报评定、气象预报评定。

（5）进行水库实际运用指标与计划指标的比较。

（6）进行综合利用效益分析

（7）进行水情水调系统运行情况总结等。

（8）提出年度工作存在问题及改进建议。

2. 操作的注意事项

（1）水文气象预报误差评定，要按照《水文情报预报规范》（SL 250—2000）的要求进行。

（2）综合利用效益分析，尽量数据化，不能数据化的定性分析。

（3）水情水调系统运行情况，主要列较重要的故障及异常情况。

二、操作要求（包括相关规程对操作的有关规定）

（1）降水总结。要求编写总体情况，强集中降水及分月降水与均值的比较。

（2）来水总结。要求编写总体及分月情况，洪水、台风情况，5 年一遇以上洪水要求列出频率参数。

（3）发电调度总结部分，梯级水库要求总结梯级联合调度情况。

（4）气象预报评定要分中长期及短期，分别评定。

（5）水库实际运用指标与计划指标的比较。要结合年度计划、月度计划及报批的汛期控制运用计划进行比较。

（6）单位采用国际单位制。

（7）有效数字。流量 3 位有效数字，容量 4 位有效数字，水位小数点保留两位，雨量小数点保留一位，其他未明确规定的小数点保留两位。

三、操作中异常情况及其处理原则

当年度总结中，出现无法确定情况，如水库流域汛期发生大洪水，人类活动影响严重，出现小水库、塘坝垮坝等情况时，需要进行流域调查，将调查结果相关内容编入年度总结。

四、案例分析

案例 4–25–1：编制丰满电厂 2012 年度水库调度工作总结。

丰满发电厂 2012 年度水库调度工作总结

签发人： 编报人： 报送日期：1 月 10 日

丰满水库 2012 年总入库水量为 114.62 亿 m³，来水频率为 60%，为多年均值 127.2 亿 m³ 的 90.1%，属平水年。2012 年丰满流域平均降水量为 799mm，为多年均值 738mm 的 108.3%，属降水正常年份。

6 月 1 日～9 月 30 日，水库累计来水量 68.29 亿 m³，较多年同期来水量 78.7 亿 m³ 少 10.4 亿 m³，汛期来水少 13%，夏汛来水偏枯。6 月 1 日～9 月 30 日，水库累计降雨 569mm，为多年同期降雨 521mm 的 109.2%，汛期降雨正常。

1 水雨情

1.1 降水情况

2012 年流域平均降水量为 799mm，为多年均值 738mm 的 108.3%。汛期降水阶段性明显，相对集中。6 月降水比多年平均多 41%，8 月降水比多年平均多 28%，7 月降水只有多年平均值的 82%。

6 月丰满流域持续受冷涡影响，降水频繁、雨量偏多，整个 6 月份降水为 162mm，为多年均值的 141%；进入 7 月，在 7 月上旬，影响流域降水系统仍冷涡系统为主，水汽充沛，7 月 3～5 日产生了一次明显降水过程，雨量接近 50mm，进入中下旬后，随着冷涡退出，南方系统开始影响流域，7 月 11～13 日，受华北气旋影响，流域降水达59mm。虽然 7 月流域内经历了两次大的降水过程，但后期总的环流形势为高压脊控制为主，虽然有切变经过，但降水不明显，月总降雨量为 155mm，为多年均值的 82%；

8月，影响丰满流域降水的天气系统以台风和副高后部切变配合台风水汽为主，降水集中、强度大，主要有两个降雨过程，8月3~5日，流域处于副高后部，沿副高后部北上的切变线配合台风充沛的水汽，产生强烈明显降水过程，3天累计降水量78mm。第二场过程是8月28日开始，受台风布拉万过境直接影响，流域产生大—暴雨，过程雨量68mm。整个8月降水量195mm，比多年均值多43mm；进入9月以后随着副高南撤，流域以高压控制为主，降水明显减少。

整个主汛期的降水特点是阶段性十分明显，降水时空分布均匀，有利于农作物生长。

1.2 来水

水库年总入库水量为114.62亿 m^3 ，来水频率为60%，为多年均值127.2亿 m^3 的90.1%，属平水年。

6月1日~10月1日，水库累计来水量68.29亿 m^3 ，较多年同期来水量78.7亿 m^3 少10.4亿 m^3 ，汛期来水偏少13%，夏汛来水平偏枯。夏汛水库最大入库流量1900 m^3/s（日值），出现在7月13日。年内最高水位为259.06m，出现在11月21日。

2 水库运行调度情况

2.1 发电调度

水库年初库水位为247.36m，库容37.06亿 m^3 ；年末水位为258.55m，库容68.39亿 m^3 ，比同期多年平均库水位251.42m高7.13m，比2011年同期水位高11.1m。

6月1日库水位为247.48m，比同期多年平均库水位248.52m低1.04m，比2011年同期库水位256.41m低8.93m。10月1日库水位为258.15m，比多年同期水位255.73m高2.42m，水位从汛初到汛末上升了10.67m。

2012年水库调度经过。

2.1.1 保证下游供水阶段

年初至4月19日，水库水位较低，该阶段水库大部分时间处于水库调度图降低保证出力区运行，为确保水库经济运行，水库只以保证下游供水的方式运行（出库流量161 m^3/s），1月1日~4月19日，水库实际出库流量平均为162 m^3/s，水库控制运行精确、合理。

在此阶段，公司、东北调控分中心、发电厂等密切配合，科学调度水库，坚持按照本水库以保证下游供水流量方式、上游水库以维持水库水位稳定不破坏方式运行，保证了梯级水库的合理运行，在水库来水偏枯的情况下，使本水库运行没有遭到破坏，水库水位于3月26日由调度图降低保证出力区恢复至调度图正常保证出力区，水库控制运行取得初步成功。

2.1.2 农灌及航运供水阶段

4月20日~6月15日，水库运行进入农灌供水阶段。在此阶段中，由松花江防汛抗旱总指挥部主持，经吉林省防汛抗旱指挥部、公司、东北调控分中心、发电厂、黑龙江省航道局等多家单位努力协调，4月20～30日，农灌用水、航运用水结合使用，一水两用。此阶段按照350m³/s保证灌溉及航运用水的调度计划执行，水库实际平均出库流量为370m³/s，在保证下游灌溉用水的情况下，水库没有遭到破坏。

本阶段，由于春季风电大发，东北调控分中心调度压缩水电发电，考虑水库承担下游灌溉需求，采取压缩上游白山水库发电，造成水库来水减少、出库流量加大，水位下降较大，5月26日，水位由正常保证出力区下限消落到降低保证出力区，至6月16日8:00，水库水位247.67m，水库水位控制较为成功。

在此期间，3月中旬，黑龙江省航道局与东北调控分中心沟通，定于4月2～11日航运用水，保证黑龙江省航运船队入海。发电厂制定航运期发电调度计划保证航运用水350m³/s，经公司批准后报东北调控分中心。3月下旬，根据航道结冰开化程度，黑龙江省航运再协商，将开航计划调整至从4月7日开始，至4月16日，水库进入航运用水调度阶段，发电厂调整航运期发电调度计划。

4月3日，吉林省政府防汛抗旱指挥部办公室发函发电厂《关于协商水库减少发电流量的函》（吉汛办电〔2012〕7号函）。协商水库在5月1日前发电流量按162m³/s控制，以保证春季工农业用水需求，保障粮食安全和社会稳定。同日，吉林省水利厅、吉林省防汛办、吉林市水利局一行8人到发电厂协商4月水库减少发电流量，并协调后期水库发电、灌溉、航运等兴利调度事宜。

鉴于协商中吉林省防汛办建议"航运推迟到4月20日，春灌提前到4月20日，一水两用，减少水库出库水量。"，符合发电厂水库经济运行要求及满足下游综合利用需求，发电厂及时向公司汇报，公司同意该建议。发电厂及时向吉林省防汛抗旱指挥部转达了公司意见。

4月5日，吉林省水利厅、吉林省防汛办组织人员，前往去东北调控分中心沟通、协商。东北调控分中心负责沟通、协商黑龙江省航道局，得到若4月7日启动航运，考虑河道开江，冰排有阻水作用，只需加大到350m³/s，如推迟日期，则冰排消融，出库流量需加大到700m³/s以上，才能达到同样的效果。

4月6日，鉴于灌溉要求由吉林省提出、航运要求由黑龙江省提出，涉及水库下游两省，东北调控分中心无法协调，将两省文、函传真松花江防汛抗旱总指挥部，由其去协调。在松花江防汛抗旱总指挥部主持下，决定4月20～30日，农灌用水、航运用水结合使用，一水两用。

2.1.3 汛期低水位保证下游供水阶段

6月16日～7月3日，针对水位下降较大的情况，发电厂积极与东北调控分中心沟通，在东北电网风电大发的背景下，农灌用水期结束后，水库以保证下游供水方式调度，同时加大上游白山水库出库流量，使水库水位尽快恢复至合理位置。

在本阶段，6月21日，吉林市政府以"吉林市人民政府关于申请加大松花江放流量的函"，申请在"中国·吉林市第二届松花江河灯节"期间，6月24日17:00～22:00及6月25日17:00～22:00丰满出库流量1500m³/s。发电厂及时向公司汇报情况，认为该流量过大，下游包括彩虹桥橡胶坝、永舒灌区渠首石头坝等施工工程、临时取水措施会存在问题。公司指示，不同意1500m³/s出库流量，认为影响经济运行过大。发电厂与吉林市防汛抗旱指挥部、吉林市水利局联系，将情况进行沟通，认为彩虹桥橡胶坝、永舒灌区渠首石头坝等可能会出现问题；吉林市水利局向赵静波市长汇报，赵市长了解情况，要求核实、调整流量。经多方核实600m³/s较为合适，既满足要求，又安全可靠。吉林市文化局6月22日重新以市政府名义行文。发电厂向公司汇报，以600m³/s出库流量保障，水位多下降8cm，比1500m³/s出库流量保障水位少下降17cm，建议保障，公司同意。经多方努力，避免了出库流量1500m³/s对下游工程的一系列损失，同时避免给发电厂经济运行带来的损失，避免后期发电水头损失0.3%。

2.2 洪水调度与兴利调度

7月4～26日，根据水库蓄水和水雨情，发电厂积极与公司、东北调控分中心沟通，调整发电出库流量，此阶段水库平均出库流量为815m³/s。

针对7月以来水较多、水位上涨较快的特征，发电厂提出了7月中旬日发电量800万kWh，控制水库水位至254m以内，保持距汛限库容12.4亿m³，保证防汛安全。7月中旬，实际日发电量787万kWh，7月21日8时水位253.86m以内，水位得到了很好的控制。

对发电厂2012年汛期调度工作，公司非常重视，7月13日，公司总工程师主持召开了"水库2012年防汛会商会议"。会议明确提出：① 为便于水库合理运用和协调下游用水需求，经协商一致同意，地方各部门有供水、控水需求，由地方防汛抗旱指挥部统一出口和发电厂联系相关事宜；建议吉林省其他供水、控水需求，统一由吉林省防汛抗旱指挥部和发电厂联系。发电厂根据需求，结合水库运行情况分别向公司、东北调控分中心提出请示和报告，批复后实施。② 考虑下游市生态景观项目（瓮水坝）工程7月15日完成围堰拆除及其他工程在建情况，水库出库流量7月16日前控制在800m³/s；建议相关部门对行洪区域内的工程采取措施，确保河道满足正常行洪、电厂发电出库流量的要求。7月15日已进入主汛期，水库根据水库蓄水和水雨情，从7月16日开始加大到1000m³/s以上。③ 建议发电厂将修正后的"2012年水库汛期调度方案"行文上报吉林省防汛指挥部、国家电网东北分部等上级机关。

按照会议要求，发电厂按3年一遇洪水不弃水原则，修订了《水库2012年汛期调度方案》，报送东北调控分中心，提出8月1日水库水位控制在254.8m以下的原则，使调度风险处于可控、能控、在控状态。实际 8 月 1 日水库水位为 253.26 m，比计划低 1.54m，水库水位处于降低保证出力区上限运行。

本阶段涉及兴利调度权问题，协调、沟通难度大，在各方努力下，基本完成了调度任务。

3 水文气象预报误差评定

3.1 洪水预报评定

2012 年汛期，汛期无大洪水发生，小洪水预报 2 次，平均洪峰预报精度大于 85%。洪量预报精度大于 95%，符合《水文情报预报规范》（SL 250—2000）的要求。

3.2 气象预报评定

汛期共进行短期天气预报 122 次，中期天气预报 12 次，长期天气预报 4 次，不定期为我厂各生产部门提供天气预报多次。按气象预报工作标准测评，2012 年汛期短期天气预报准确率，24h 为 89%，48h 为 85%。

4 水库实际运用指标与计划指标的比较（见表 4–25–1）

表 4–25–1　发电厂 2012 年水库实际运用指标与计划指标的比较表

时间（月份）	1	2	3	4	5	6	7	8	9	10	11	12
实际发电量（万 kWh）	5526	4810	5119	7547	12 309	8991	25 082	8396	6523	7629	6343	6677
计划发电量（万 kWh）	5348	4992	5343	7297	12 093	8657	6027	7873	6300	6200	6000	6200
完成率（%）	103.3	96.4	95.8	103.4	101.8	103.9	416.2	106.6	103.5	123.0	105.7	107.7

5 综合利用效益分析

依据中长期预报并结合水库调度图，按照"安全度汛，经济发电"的指导思想进行合理调度。科学调节径流，合理利用水量和水头，力求在满足系统调峰、调频和事故备用等要求的前提下，提高水库运行的经济效益。

全年发电量 10.51 亿 kWh（含厂用机，下同），全年平均耗水率 7.74m³/kWh，最大日发电量 1585 万 kWh，出现在 7 月 20 日。

全年节水增发电量 0.4488kWh，水能利用提高率为 4.46%。

6 水情水调系统运行情况

6.1 2012 年汛前，完成了丰满水情信息传输网络改造更改工程、监控系统接收机处理，对水库调度综合自动化系统、水库调度系统局域网、Sybase 数据库系统等进行了全面的检查和维护。对国家电力调度通信中心的零时报汛，水库采用人工和报汛系统相结合的方式，应用水库调度综合自动化系统进行自动报汛，同时值班员对报汛内容进行校核，如发现自动化系统运行出错，对出现错报漏报等问题进行及时补救，进行必要的处理，保证防汛工作安全顺利进行。总体来说，汛期水库调度综合自动化系统设备运行基本稳定，系统的网络设备、UPS 电源系统、主机系统、SCOUNIX、Sybase 数据库系统等运行稳定，为安全度汛、水库经济运行提供了保障。

　　6.2　汛期水情测报设备运行及故障处理情况。水库水情自动测报系统遥测设备的通信方式目前以 GSM 短信通信、卫星通信和超短波通信三种通信方式运行，其中有 4 个遥测站是以单卫星通信方式运行，这 4 个遥测站都建站时间相对较早（2000 年初），设备型号相对落后；有 1 个遥测站（下游水位）以超短波通信方式运行，其余设备都是以 GSM 手机短信通信方式为主信道、卫星（海事卫星）通信为备用信道的通信方式运行。当设备以 GSM 手机短信通信方式通信失败时（手机卡故障、欠费停机、移动通信基站故障），设备识别判断后，自动启动备用信道（卫星通信方式）向丰满中心站发送实时的水雨情信息，保证设备测量数据及时发送和设备的可靠运行。

　　汛期，水情自动测报系统设备运行平稳，没有出现大的影响系统稳定运行的情况，系统畅通率 99.98%，系统可用度 99.98%。但经过一个汛期的运行，有个别遥测站点也暴露出一些安全隐患，抚民雨量站属于单卫星通信方式运行雨量站，该站设备运行年限久，加之野外运行环境恶劣，属于老设备，在 8 月 6 日出现设备死机现象，不能发送实时数据，中心站接不到该站的实时数据，班组在规定的时间内到达检修现场进行现场处置，断开设备电源，重新加电后设备运行正常。猴石雨量站和呼兰雨量站一段时间以来只有短信通信的方式运行，无备信定时报（即无卫星定时报），现场处置猴石雨量站更换卫星天线后卫星定时报恢复；呼兰雨量站经过重新断加电后设备运行正常。以上设备班组都在规定的时间内完成了现场检修工作，保证了系统畅通，尤其是今年汛期，水情自动测报系统又经受住了超强台风"布拉万"的考验，系统的畅通率达到99.98%。

　　7　存在问题及改进建议

　　水库为多年调节水库，随着国民经济的不断发展，上、下游对水库的要求越来越高。只有合理调节，经济运行，搞好水量的年内、年际分配，才能提高水库的综合利用率，满足松花江流域地区国民经济不断发展的需要。因此要重点做好下面几方面的工作：

　　（1）尽快完成适应新环境、新条件的自动化调度平台和与之相配套的预报模型。建立考虑人类活动影响的洪水预报模型。按照具体的人类活动、流域特性以及资料情况，采用不同类型的洪水预报模型，合理的集成方式将人类活动影响考虑进去；同时考虑结合不同洪水预报模型的特点，生成适用于多条件的组合洪水预报模型。

　　（2）加大水库调度专业培训力度，做好设备的维护和更新，从而为水库调度业务可持续发展提供必要的保证。

（3）安全度汛与经济发电相结合是做好水库调度工作的关键，汛期防洪和兴利的矛盾十分突出，在安全度汛的基础上，要注重水库经济效益。

（4）加强资料整编及来水分析工作，加强水文中长期预报工作。

8 附件

附表1 水库2012年调度运行情况统计表（略）

附表2 水库2012年典型洪水预报与评定表（略）

附表3 水情自动测报系统畅通率统计表（略）

附表4 水情自动测报系统可用度统计表（略）

附表5 水库2012年汛期逐日运行情况（略）

附图1 水库2012年逐日水位流量过程线（略）

附图2 2012年水库水位实况及其在调度图上的位置（略）

【思考与练习】

1. 年度工作总结哪些内容？

2. 降水总结有哪些要求？

3. 来水总结有哪些要求？

4. 调度总结有效数字的一般规定是什么？

第五部分

水 文 测 验

第二十六章

降 水 观 测

◢ 模块 1 降水的观测（ZY5802301001）

【模块描述】本模块介绍降水的观测。通过要点讲解、案例分析，熟悉降水观测的仪器和方法。

【模块内容】

一、操作原则及注意事项

1. 操作的一般原则

（1）降水量观测应符合《降水量观测规范》（SL 21—2015）的规定。

（2）观测前应对设备进行巡视，发现问题及时处理。

（3）降水量观测项目，一般包括测记降雨、降雪、降雹的水量。

（4）雨量站选用的仪器，其分辨力不应低于该站规定的记录精度，观测记录和资料整理的记录精度应和仪器的分辨力一致。

（5）雨量站应建立考证簿，并于公历逢五年份全面考证雨量站并修订考证簿。

2. 操作注意事项

（1）降水量单位以毫米（mm）表示，且其观测记载的最小量应符合：

1）需要控制雨日地区分布变化的雨量站必须记至 0.1mm。

2）蒸发站的记录精度必须与蒸发观测的记录精度相匹配。

3）不需要雨日资料的雨量站，可记至 0.2mm；多年平均降水量大于 800mm 地区，亦可记至 0.5mm；多年平均降水量大于 400mm，小于 800mm 地区，如果汛期雨强特别大，且降水量占全年 60%以上，亦可记至 0.5mm。

4）多年平均降水量大于 800mm 地区，可记至 1mm。

（2）降水量的观测时间以北京时间为准。日降水以北京时 8:00 为日分界，即从昨日 8:00 至今日 8:00 的降水为昨日降水量。

（3）做好观测设备的巡视检查和维护。

1）每日观测时，注意检查雨量器是否受碰撞变形，检查漏斗有无裂纹，储水筒是否漏水。

2）应先顺时针方向旋转自记钟筒，以避免钟筒的输出齿轮和钟筒支撑杆上的固定齿轮的配合产生间隙，给走时带来误差。

3）经常用酒精洗涤自动笔尖，使墨水流畅。

4）自记纸应平放在干燥清洁的橱柜中保存。不应试用潮湿、脏污或纸边发毛的记录纸。

5）量雨杯和备用储水器应保持干燥清洁。

6）在冬季结冰期，每次观测后，储水筒和量雨杯内不可有积水，以免冻裂。

7）要保持翻斗内壁清洁无污渍，翻斗内如有脏物，可以用水冲洗，禁止用手或其他物体抹拭。

8）要保持基点长期不变，调节翻斗容量的两对调节定位螺钉、锁紧螺帽。观测检查时，如发现任何松动现象，应注意检查仪器基点是否正确。

9）定期检查干电池电压，如电压低于允许值，应更换全部电池，以保证仪器正常工作。

二、操作要求

（一）常用装置介绍

1. 雨量器

由承水器（漏斗）、储水筒（外筒）、储水瓶组成，并配有与其口径成比例的专用量杯。

2. 虹吸式自记雨量计

虹吸式雨量计能连续记录液体降水量和降水时数，从降水记录上还可以了解降水强度。虹吸式雨量计由承水器、浮子室、自记钟和外壳所组成。雨水由最上端的承水口进入承水器，经下部的漏斗汇集，导至浮子室。浮子室是由一个圆筒内装浮子组成，浮子随着注入雨水的增加而上升，并带动自记笔上升。自记钟固定在座板上，转筒由钟机推动作用回转运动，使记录笔在围绕在转筒上的记录纸上画出曲线。记录纸上纵坐标记录雨量，横坐标由自记钟驱动，表示时间。当雨量达到一定高度（如 10mm）时，浮子室内水面上升到与浮子室连通的虹吸管处，导致虹吸开始，迅速将浮子室内的雨水排入储水瓶，同时自记笔在记录纸上垂直下跌至零线位置，并再次开始雨水的流入而上升，如此往返持续记录降雨过程。

3. 翻斗式自记雨量计

翻斗式雨量计是由感应器及信号记录器组成的遥测雨量仪器，感应器由承水器、上翻斗、计量翻斗、计数翻斗、干簧开关等构成；记录器由计数器、录笔、自记钟、控制线路板等构成。其工作原理为：雨水由最上端的承水口进入承水器，落入接水漏斗，经漏斗口流入翻斗，当积水量达到一定高度（如 0.1mm）时，翻斗失去平衡翻倒。而每一次翻斗倾倒，都使开关接通电路，向记录器输送一个脉冲信号，记录器控制自记笔将雨量记录下来，如此往复即可将降雨过程测量下来。

（二）观测步骤及要求

1. 雨量器观测

（1）步骤。

1）采用定时分段观测，见表 5-26-1。一般少雨季采用 1、2 段次，多雨季应选用自记雨量计。

表 5-26-1　　　　　　　　　　降水量分段次观测时间表

段次	观测时间
1 段	8:00
2 段	8:00、20:00
4 段	14:00、20:00、2:00、8:00
8 段	11:00、14:00、17:00、20:00、23:00、2:00、5:00、8:00
12 段	10:00、12:00、14:00、16:00、18:00、20:00、22:00、24:00、2:00、6:00、8:00
24 段	本日 9:00～次日 8:00，每小时观测一次

2）将储水器中水倒入量雨杯，读取量雨杯刻度读数。

（2）要求。

1）读取降水数据时，必须与量雨杯平视观读。

2）观测时还在降水，应取出储水筒内的储水器，放入备用储水器。

3）观测固态降水，将储水筒内的雪或雹自然融化后（禁止用火烤），倒入量雨杯量测；或取定量温水加入储水筒融化雪或雹，用量雨杯测出总量，减去加入的温水量量测。

4）暴雨时，采用加测，防止降水溢出储水器。如已溢流，更换储水筒，量测筒内降水量。

5）观测后，储水筒和量雨杯不可有积水。

2. 虹吸式自计雨量计观测

（1）步骤。

1）每日 8:00 整，在记录笔尖所在位置的记录纸零线上划一短垂线。

2）用笔档将自记笔拔离纸面，换装记录纸。给笔尖加墨水，拨回笔档对时，对准记录笔开始记录时间，划时间记号。降雨日 20:00 巡视仪器时应划注时间记号。

3）人工虹吸应检查注入量与记录量之差是否在±0.05mm以内，虹吸历时是否小于14s，虹吸作用是否正常，检查或调整合格后才能换纸。

4）有自然虹吸时，应更换储水器，然后用量雨杯测量储水器内降水，并记载在该日降水量观测记录统计表中。暴雨时，估计降水量有可能溢出储水器时，应及时用备用储水器更换测记。

（2）虹吸订正。

1）当自然虹吸雨量大于记录量，且按每次虹吸平均差值达到0.2mm，或一日内自然虹吸量累积差值大于记录量达2.0mm时，应进行虹吸订正。订正方法是将自然虹吸量与相应记录的累积降水量之差值平均（或者按降水强度大小）分配在每次自然虹吸时的降水量内。

2）自然虹吸雨量不应小于记录量，否则应分析偏小的原因。若偏小不多，可能是蒸发或湿润损失；若偏小较多，应检查储水器是否漏水，或仪器有其他故障等。

（3）虹吸记录线倾斜订正。虹吸记录线斜值达到5min时，需进行斜线订正，方法如下：

1）以放纸时笔尖所在位置为起点，画平行于横坐标的直线，作为基准线。

2）通过基准线上整点时间各点，做平行于虹吸线的直线作为纵坐标订正线。基准线起点位置在零线的，如图5-26-1所示；起点位置不在零线的，如图5-26-2所示。

3）时间坐标订正线与记录线交点的纵坐标雨量，即为所求之值。如在图5-26-1中摘录14:00正确的雨量读数，则通过基准线14:00坐标点，作一直线 *ef* 平行于虹吸线 *bc*，交记录线 *ab* 于 *g* 点，*g* 点纵坐标读数即为14:00订正后的雨量读数。其他时间的订正值依此类推。

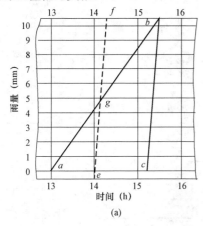 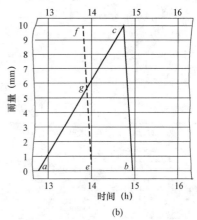

图5-26-1 虹吸斜线订正示意（起点位置在零线）

（a）起点位置在零线，右斜；（b）起点位置在零线，左斜

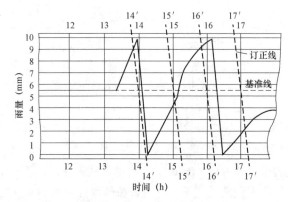

图 5-26-2　虹吸斜线订正示意（起点位置不在零线）

4）如果遇到虹吸倾斜和时钟快慢同时存在，则先在基准线上做时钟快慢订正（即时间订正），再通过订正后的正确时间，做虹吸倾斜线的平行线（即时间坐标订正线），再求订正后的雨量值。

（4）要求。

1）换装在钟筒上的记录纸，其底边必须与钟筒下缘对齐，纸面平整，纸头纸尾的纵横坐标衔接。

2）每月 1 日、降水量发生自然虹吸之日应换纸。连续无雨或降雨量小于 5mm 之日，一般不换纸，可在 8:00 观测时，向承雨器注入清水，使笔尖高至整毫米处开始记录，但每张记录纸连续使用日数一般不超过 5 日，并应在各日记录线的末端注明日期。

3）遇大雨时，可等到雨小或雨停时换纸。若记录笔尖已到达记录纸末端，则应拨开笔挡，转动钟筒，转动笔尖越过压纸条，将笔尖对准纵坐标线继续记录，待雨强小时才换纸。

3. 翻斗式雨量计观测

（1）步骤。

1）每日观测前，在记录纸正面写上日期和月份，背面印上降水量观测记录统计，见表 5-26-2。

表 5-26-2　____年__月__日 8:00～__日 8:00　降水量观测记录统计表

(1)	自然排水量（储水器内水量）	=_____mm
(2)	记录纸上差得的日降水量	=_____mm
(3)	计数器累积的日降水量	=_____mm
(4)	订正量=（1）-（2）或（1）-（3）=	_____mm
(5)	日降雨量	=_____mm
(6)	时钟误差　8:00～20:___，20:00～8:___	
备注		

2）巡视检查仪器。有自然排水，应更换储水器，并测记于降水量观测记录统计表中。暴雨时及时更换储水器，以免降水溢出。

3）每月 1 日更换记录纸。连续无雨或降雨量小于 5mm 之日，一般不换纸，可在 8:00 观测时，向承雨器注入清水，使笔尖高至整毫米处开始记录，但每张记录纸连续使用日数一般不超过 5 日，并应在各日记录线的末端注明日期。

4）检查雨量记录。记录笔无漏跳、连跳或一次跳两小格的现象；记录笔每跳一次满量程是否满足 ±1 次误差要求；记录的降水量与自然排水量的差值和记录时间日误差是否满足规范要求。

（2）记录量订正。

1）当记录降水量与自然排水量之差达到 ±2% 且达 ±0.2mm，或记录日降水量与自然排水量之差达 ±2.0mm，应进行记录量订正。记录量超差，但计数误差在允许范围以内时，可用计数器显示的时段和日降水量数值。

2）根据量测误差与降水强度的关系，作为记录雨量超差的订正时段依据之一，并将订正量填于表 5–26–2。

（3）要求。

1）换装在钟筒上的记录纸，其底边必须与钟筒下缘对齐，纸面平整，纸头纸尾的纵横坐标衔接。

2）换纸时若无雨，可按动底板上的回零按钮，使笔尖调至零线上后换纸。

三、操作中异常情况及其处理原则

（1）遇暴雨，降水溢出储水筒时，应更换储水筒，并量测储水筒内降水量。

（2）如遇特大暴雨灾害，无法进行正常观测工作时，应尽可能及时进行暴雨调查，调查估算值应记入降水量观测记载簿的备注栏，并加文字说明。

（3）若检查出不正常的记录线或时间超差，应分析查找故障原因，并进行排除。

（4）巡视发现虹吸不正常时，在 10mm 处出现平头或波动线，即将笔尖拔离纸面，用手握住笔架部件向下压，迫使仪器发生虹吸，虹吸终止后没事笔尖对准时间和零线的焦点继续记录，待雨停后才对仪器进行检查和调整。

（5）计数翻斗与计量翻斗在无雨时应保持同倾于一侧，以便有雨时，计数翻斗与计量翻斗同时启动，第一斗即送出脉冲信号。

四、案例分析

案例 5–26–1： 根据图 5–26–3，订正 14:00 雨量读数。

做虹吸记录线倾斜订正，见图 5–26–4，经过虹吸记录线倾斜订正后测得 14:00 雨量读数为 5.6mm。

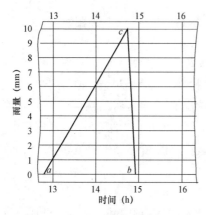

图 5-26-3 虹吸雨量计雨量记录

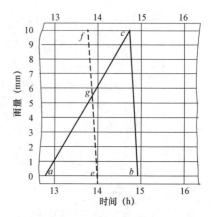

图 5-26-4 虹吸斜线订正

【思考与练习】

1. 降水量观测主要仪器，其优缺点？

2. 8 段次观测在那些时候进行观测？

3. 试述起点位置在零线的虹吸记录线倾斜订正？

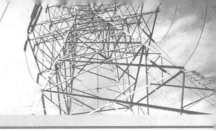

第二十七章

水 位 观 测

▲ 模块 1 水位的观测（ZY5802301002）

【模块描述】本模块介绍水位的观测。通过要点讲解、案例分析，熟悉水位观测的仪器和方法。

【模块内容】

一、操作原则及注意事项

1. 操作的一般原则

（1）水位观测应符合《水位观测标准》（GB/T 50138—2010）的规定。

（2）观测前应对设备进行巡视，发现问题及时处理。

（3）水位观测的单位采用米（m），水位读至 1cm。

（4）水位观测的时间采用北京标准时，基本定时观测时间为北京时间 8:00。

（5）水尺零点高程校测的频次与时机应以能掌握水尺零点高程的变化情况、取得准确而连续的水位资料为原则。

（6）水位人工观测时，应注意安全，并做好防止跌入水面的措施。

（7）水位站应在建立初期进行考证并编制考证簿，遇有变动，应在当年对变动部分及时补充修订。

2. 操作注意事项

（1）测站采用的基面应及时与现行的国家高程基准相联测，各项水位、高程资料中应写明采用基面与国家高程基准之间的换算关系。

（2）每年汛前校测全部水尺。汛后校测本年度洪水到达过的水尺，库区站应根据水库的蓄水过程选择适当的时机进行水尺校测。有封冻的测站，还应在每年封冻前和解冻后校测全部水尺。

（3）比测水位差超过 2cm 时，应查明原因，并选用较准确的水尺读数计算水位。

二、操作要求

（一）常用装置介绍

1. 浮子式自记水位计

由感应、传动、记录三部分组成。感应部分为浮子、悬索及平衡锤组成直接感应水位的变化；传动部分由比例轮、变速齿轮组及转向轮组成将浮子所感应的水位变化传递给记录部分；记录部分由记录纸转筒、牵动齿轮、自记钟、自记笔及导杆等组成自动记录水位变化。

2. WFH-2 型全量机械编码水位计

由浮子式水位感应部分、传动部分和水位编码器部分组成。水位感应部分是浮子式感应系统；传动部分是一组齿轮，将水位轮的旋转传递到编码器的输入轴，同时使编码器的输入轴每转一圈代表的水位变化和输入轴的信号分度完全对应；全量编码器将水位数字的全量转换成一组编码，并以全量码输出，接收器再将这一组全量码转换成水位数字。

（二）操作步骤及要求

1. 人工观测

（1）观测水位时，身体下蹲，使视线尽量与水面平行。

（2）读取水面截于水尺上的读数。

（3）水库水面波浪较大时，应利用水面的暂时平静进行观读，或者观读峰、谷水位，取其平均值，或多次观读后取平均值。

（4）水尺受阻水影响时，应尽可能先排除阻水后观测。

（5）水位平稳时，每日 8:00 观测一次；水位变化缓慢时，每日 8:00、20:00 观测一次，冬季或枯水期确有困难的，20:00 可不进行观测；水位变化较大或出现较缓慢峰谷的，每日应在 2:00、8:00、14:00、20:00 观测 4 次；洪水期、水库涵闸放水、水库泄洪等水位变化急剧时，应每 1~6h 观测一次。

（6）填写水位观测报表。

2. 自动监测

（1）新安装的自记水位计或改变仪器类型时，应进行比测，比测合格后方可正式使用。

（2）水位自动监测设备在使用过程中，应在汛前、汛中、汛后进行三次检查维护，并根据远程监视情况进行不定期检查维护。

（3）坝前自记水位观测值应进行校测，当自动监测值与坝前水尺观测站的观测值系统偏差超过±2cm 时，应重新设置自动监测设备的水位初始值。

（4）纸介质模拟自记水位计在安装之前或换记录纸时，检查水位轮感应水位的灵敏性和走时机构工作的正常性。电源应充足，记录笔、墨水应适度。换纸后，应上紧自记钟，将自记笔尖调整到当时的准确时间和水位坐标上，观察 1~5min，待一切正常后方可离开。

（5）日记纸介质模拟自记水位计每日 8:00 应进行校测，水位变化较大时，增加校测次数。

（6）纸介质模拟自记水位记录呈锯齿时，应用红色铅笔通过中心位置画一细线进行摘录，缺测时，采用缺陷趋势法或相关曲线法插补。

（三）水位计算

1. 日平均水位

只观测一次的，8:00 水位为日平均水位；观测两次以上的可取算术平均法或面积包围法计算日平均水位，当算术平均法和面积包围法计算值相差 2cm 以上时，应采用面积包围法计算值为日平均值，即

$$Z = \frac{1}{48}\Big[Z_0 a + Z_1(a+b) + Z_2(b+c) + \cdots + Z_{n-1}(m+n) + Z_n n\Big] \qquad (5\text{-}27\text{-}1)$$

式中　　　　　　　Z——日平均水位，m；

a、b、c、$\cdots$、n——观测时距，h；

Z_0、Z_1、Z_2、$\cdots$、Z_n——相应时刻的水位值，m，当无 0:00 或 24:00 实测水位时，应根据前后相邻水位直线插补求得。

2. 月和年平均水位

取期间日平均水位之算术平均值。

三、操作中异常情况及其处理原则

（1）水尺零点高程变动大于 1cm。

1）查明变动原因，并订正水位记录。

2）通过同图绘制本站与上下游站的逐时水位过程线或相关线比较分析确定水尺零点高程变动的时间。

3）对于水尺突变，水位在变动前采用原高程，校测后采用新高程，变动开始至校测期间加一订正数，如图 5-27-1 所示。

4）对于水尺渐变，水位在变动前采用原高程，校测后采用新高程，渐变期间水位按时间比例订正，渐变终止至校测期间的水位应加同一订正数，如图 5-27-2 所示。

（2）水位过程出现中断时，应进行插补，无法插补时，可作缺测处理。

（3）当水位自动监测值为瞬时值，且水位过程呈锯齿状时，可采用中心线平滑方法处理。

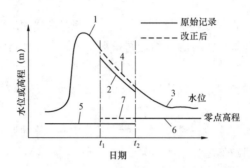

图 5-27-1 水尺零点高程突变时水位

1、2、3—原始记录水位过程线;4—改正后的水位过程线;5—校测前水尺零点高程;

6—校测后水尺零点高程;7—改正后的水尺零点高程;

t_1—水尺零点高程变动时间;t_2—校测水尺零点高程时间

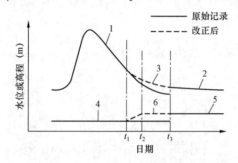

图 5-27-2 水尺零点高程渐变时水位

1、2—原始记录水位过程线;3—改正后的水位过程线;4—校测前水尺零点高程;

5—校测后水尺零点高程;6—改正后的水尺零点高程;

t_1、t_2—水尺零点高程变动起讫时间;t_3—校测水尺零点高程时间

四、案例分析

案例 5-27-1: 某水库坝前站的水位记录见表 5-27-1,请分别用算术平均和面积包围法计算 3 日平均水位。

表 5-27-1 某水库坝前站水位摘录

日期时间	2 日 20:00	3 日 2:00	3 日 8:00	3 日 14:00	3 日 20:00	4 日 2:00
水位(m)	102.30	102.35	102.55	102.79	103.05	103.10

解:线性内插得 3 日 0:00 和 24:00 的水位分别是 102.33m 和 103.08m。

取 2:00、8:00、14:00、20:00 水位算术平均得 102.69m。

根据式(5-27-1),代入数据

$$Z = \frac{1}{48}[102.33 \times 2 + 102.35 \times (2+6) + 102.55 \times (6+6) +$$
$$102.79 \times (6+6) + 103.05 \times (6+4) + 103.08 \times 4]$$
$$= 102.72 \, (\text{m})$$

由于面积包围法计算的水位与算术平均计算的水位相差 3cm，因此该日平均水位应为 102.72m

【思考与练习】

1. 简述人工观测水位的步骤及注意事项。

2. 试写出日平均水位计算的面积包围法公式。

3. 简述水位订正的条件与方法。

4. 简述自动监测水位计的比测和校测要求。

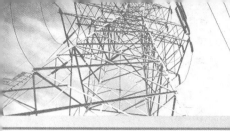

第二十八章

蒸 发 观 测

▲ 模块 1 蒸发量观测（ZY5802301003）

【**模块描述**】本模块介绍蒸发量观测。通过要点讲解、案例分析，熟悉蒸发量观测的仪器和方法。

【**模块内容**】

一、操作原则及注意事项

1. 操作的一般原则

（1）蒸发量观测应符合《水面蒸发观测规范》（SL 630—2013）的规定。

（2）观测前应对设备进行巡视，发现问题及时处理。

（3）蒸发量和降水量为基本观测项目；蒸发器中离水 0.01m 水深处的水温，蒸发场上离地面 1.5m 处的气温、湿度和风速，风向、日照、地温和气压等可作为辅助观测项。北京时间 8:00 观测水面蒸发量和雨量。辅助气象项目于每日 8:00、14:00、20:00 观测三次。

（4）蒸发站选用的仪器，其分辨力不应低于该站规定的记录精度，观测记录和资料整理的记录精度应和仪器的分辨力一致。

（5）蒸发量测读至 0.1mm。

（6）蒸发场设置后，应编制水面蒸发场的考证簿，当场地迁移，或四周地物发生显著变化，观测项目调整，蒸发器型号改变时，均应补充和修订考证。

2. 操作注意事项

（1）蒸发场水质一般要求为淡水。若水源含有盐碱，为符合当地水体的水质情况，亦可使用。当水体含有泥沙或其他杂质时，待沉淀后使用。蒸发器中的水要经常保持清洁，应随时捞取漂浮物，发现器内水体变色，有味或器壁上出现青苔时，即应换水。换水应在观测后进行。

（2）预计要降暴雨时，应在暴雨前加测蒸发器水面高度，并检查溢流装置。需从蒸发器内汲出水量时，测记汲出水量和汲水后的水面高度。若加测后 2h 内仍未降雨，应在开始降雨时再加测一次水面高度。如降雨前未加测，则应在降雨开始时，立即加测一次水面高度。雨停或转小雨时，立即加测器内水面高度，测记降水量和溢流水量。

（3）遇大暴雨且估计降水量已接近充满溢流桶时，应加测溢流水量。

（4）若观测时正在降暴雨，蒸发量的测记可推迟到雨止或转为小雨时进行。但辅助项目和降水量仍按时进行观测。

（5）遇降雨溢流时，应测记溢流量，并折算成与 E-601 型蒸发器相应的 mm 数，其精度应满足 0.1mm 的要求。

（6）遇天气炎热干燥，应在降水停止后立即观测降水量。

（7）风沙严重地区，风沙量对蒸发量影响明显时，可设置与蒸发器同口径、同高度的集沙器，收集沙量，然后进行订正。

二、操作要求

1. E-601 型蒸发器

水面蒸发观测的标准仪器是改进后的 E-601 型（简称 E-601 型）蒸发器。E-601 型蒸发器主要由蒸发桶、水圈、测针和溢流桶组成，见图 5-28-1。

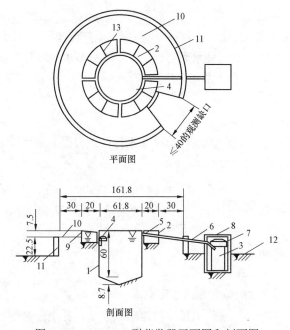

图 5-28-1 E-601 型蒸发器平面图和剖面图

1—蒸发桶；2—水圈；3—溢流桶；4—测针座；5—溢流嘴；6—溢流胶管；7—放置溢流桶的箱；
8—箱盖；9—水圈排水孔；10—土圈；11—土圈防坍墙；12—地面；13—水圈上缘的撑挡

2. 操作步骤及要求

（1）整点前 20min，到观测场巡视、检查，尤其要检查湿球温度表球部的湿润状态。发现不正常，应在观测之前予以解决。不能在观测前恢复时，应更换仪器，并将情况记在观测记载簿内。

（2）整点前 10min，安装风速表，水温表。

（3）整点前 3～5min，测读蒸发器内水温，测定蒸发器水面高度和溢流水量，并加（汲）水，测记水面高度。

（4）整点测记干、湿球及最高、最低温度，湿度表读数，换温、湿自记纸。

（5）测记蒸发量。

1）将测针插到测针座的插孔内，使测针底盘紧靠测针座表面，将音响器的极片放入蒸发器的水中。先把针尖调离水面，将静水器调到恰好露出水面。待静水器内水面平静后，旋转测针顶部的刻度圆盘，使测针向下移动。听到信号后，反向慢慢转动刻度圆盘，直至音响停止，再正向缓慢旋转刻度盘，第二次听到信号后立即停止转动并读数。每次观测应测读两次。在第一次测读后，应将测针旋转 90°～180° 后再读第二次。要求读至 0.1mm，两次读数差不大于 0.2mm，取平均值。否则应即检查测针座是否水平，调平后重新进行测读。

2）在测记水面高度后，目测针尖或水面标志线露出或没入水面是否超过 1.0cm。超过时应向桶内加水或汲水，使水面与针尖齐平。如器内有污物或小动物时，应在测记蒸发量后捞出，然后再进行加水或汲水。

（6）测记降水量。

（7）测记风速。

（8）无辅助项目观测时，整点前 10min 进行检查巡视，整点测记蒸发量。随后测记降水量和溢流水量。

3. 蒸发量计算

（1）日蒸发量。正常情况下，见式（5-28-1）

$$E = P + (h_1 - h_2) \qquad\qquad (5\text{-}28\text{-}1)$$

式中　E——日蒸发量，mm；

　　　P——日降水量，mm；

　　h_1、h_2——上次和本次的蒸发器内水面高度，mm。

降雨时如发生溢流，应从降水量中扣除溢流水量。若未设置溢流桶，在暴雨前从蒸发器中汲出水量时，则应从降水量中减去取出水量。

暴雨前、后加测的日蒸发量计算。当暴雨时段不跨日，可分段（即雨前、雨后和降雨时段）计算蒸发量相加而得。其中暴雨时段的蒸发量应接近于零。如不合理时，可按零处理，取雨前、雨后两时段之和为日蒸发量。当暴雨时段跨日时，则视暴雨时段的蒸发量是否合理；如合理，可根据前、后日各占历时长短及风速、湿度等情况予以适当分配；如暴雨时段的量不合理，则作零处理；把降雨前后的蒸发量；直接作为前；后日蒸发量。

三、操作中异常情况及其处理原则

（1）风沙量较大地区，需进行蒸发量订正。由集沙器中收集到的一日或时段风沙量，烘干后称出其重量，然后按式（5–28–2）将沙重折算成毫米数

$$h_S = \frac{W_S}{800} \tag{5–28–2}$$

式中　h_S——风沙订正量，mm；

W_S——沙重，g；

$\frac{1}{800}$——折算系数，mm/g。

计算所得的风沙量，应加在蒸发量上。如测得的是时段风沙量，则应根据各日风速的大小、地面干燥程度等，采取均匀或权重分配法，将分配置分别加到各日蒸发量中。如分配量小于0.05mm，则可几日订正0.1mm，但实际订正量之和应与总的风沙量相等。

（2）不合理的观测值处理。对不合理的观测值，原因确切的应予订正或利用本站综合过程线、蒸发量和水汽压差的比值图和风速、气温与蒸发量相关图进行插补，并加注说明。原因不明的，不做订正，在资料中说明。

（3）缺测资料的插补。资料残缺时，可用本站综合过程线、蒸发量和水汽压差的比值图和风速、气温与蒸发量相关图进行分析后插补。插补须采用多种手段进行，互相校对，使插补值合理。

四、案例分析

案例5–28–1：某蒸发站测得上日8:00水面高度为35.4mm，本日8:00水面高度为46.9mm，日降水量12.3mm，计算当日蒸发量。

根据式（5–28–1），代入数据得

$$E=12.3+(35.4–42.9)=4.8mm$$

该日蒸发量为4.8mm。

【思考与练习】

1. 暴雨时蒸发观测的注意事项有哪些？

2. 简述风沙订正条件及订正方法。

3. 简述测读蒸发量步骤。

第二十九章

测 流 断 面 测 量

▲ 模块1　河流断面的测量及布置（ZY5802302001）

【模块描述】本模块介绍河流断面的测量及布置。通过要点讲解、案例分析，了解河流断面的测量及布置方法和原则。

【模块内容】

一、操作原则及注意事项

1. 操作的一般原则

（1）河流断面测量应符合《国家三、四等水准测量规范》（GB/T 12898—2009）、《水文测量规范》（SL 58—2014）和《河流流量测验规范》（GB 50179—2015）。

（2）观测前应对设备进行巡视，发现问题及时处理。

（3）测量时应注意安全，做好防止跌入水面、防滑落等措施。

（4）应建立断面考证簿，遇有变动，应在当年对变动部分及时补充修订，内容变动较多的站，应隔一定年份重新全面修订一次。

2. 操作注意事项

（1）大断面指河道断面扩展至历年最高洪水位以上 0.5～1.0m 的断面。大断面水道断面的水深测量结果，应换算为河底高程。

（2）大断面测深垂线宜均匀分布，并应能控制河床变化的转折点，使部分水道断面面积无大补大割情况。水面宽度大于 25m 时，垂线数目不得小于 50 条；当水面宽度小于或等于 25m 时，垂线数目宜为 30～40 条，但最小间距不得小于 0.5m。探测的测深垂线数，应能满足掌握水道断面形状的要求。

（3）河床稳定的测站（水位与面积关系点偏离关系曲线应控制在±3%范围内）可在每年汛前或汛后施测一次大断面，河床不稳定的测站，应在每年汛前或汛后施测一次大断面，并在当次洪水后及时施测过水断面部分。河床稳定的测站，枯水期每隔两个月、汛期每一个月应全面施测水深。当遇较大洪水时适当增加测次。

（4）断面测量的距离控制桩间相对距离中误差不得大于 1/500。

二、操作要求

（一）水准仪介绍

1. 水准仪的组成

水准仪主要由望远镜、水准器及基座三部分构成。

望远镜主要由物镜、目镜、对光透镜和十字丝分划板组成。十字丝划板上刻有两条互相垂直的长线，竖直的一条称为竖丝；横的一条称为中丝，用于瞄准目标和截取读数。在中丝的上下还对称地刻有两条与中丝平行的短横线，是用来测定距离的，称为视距丝。十字丝交点与物镜光心的连线，称为视准轴或视线。水准测量是在视准轴水平时，用十字丝的中丝截取水准尺上的读数。

水准器是用来指示视准轴是否水平或仪器竖轴是否竖直的装置。管水准器用于指示视准轴是否水平；圆水准器用于指示竖轴是否竖直。

基座的作用是支承仪器的上部并与三脚架连接，主要由轴座、脚螺旋、底板和三角压板构成。

2. 水准仪的操作（安置、粗平、瞄准、精平和读数）

（1）打开三脚架并使高度适中，目估使架头大致水平，检查脚架腿是否安置稳固，脚架伸缩螺旋是否拧紧，置水准仪于三脚架头上用连接螺旋将仪器牢固地固连在三脚架头上。

（2）借助圆水准器的气泡居中，使仪器竖轴大致铅垂，从而视准轴粗略水平。在整平的过程中，气泡的移动方向与左手大拇指运动的方向一致。

（3）进行目镜对光，转动目镜对光螺旋，使十字丝清晰。松开制动螺旋，转动望远镜，用望远镜筒上的照门和准星瞄准水准尺，拧紧制动螺旋。转动物镜对光螺旋进行对光，使目标清晰，再转动微动螺旋，使竖丝对准水准尺。消除视察，使从目镜端见到十字丝与目标的像都十分清晰。

（4）眼睛通过位于目镜左方的符合气泡观察窗看水准管气泡，右手转动微倾螺旋，使气泡两端的像吻合。

（5）用十字丝的中丝在尺上读数，读数时应从小往大，即从上往下读，先估读毫米数，然后报出全部读数。

（二）断面布设

1. 断面

应选在石梁、急滩、弯道、卡口和人工堰坝等易形成断面控制的上游河段，其中石梁、急滩、卡口的上游河段应离开断面控制的距离为河宽的 5 倍；或选在河槽的底坡、断面形状、糙率等因素比较和易受河槽控制的河段。河段内无巨大块石阻水，无漩涡、无乱流等现象。

2. 高程基点

高程基点应设在坚固的岩石或标桩上，其高程可采用四等水准测定。当基点高出最高洪水位的高差小于 5m 时，宜采用三等水准测量高程。

3. 基线

（1）测站使用经纬仪或平板仪交会法施测起点距时，其线应垂直于断面设置，基线的起点恰在断面上。当受地形条件限制时，基线可不垂直于断面。基线长度应使断面上最远一点的仪器视线与断面的夹角大于 30°，特殊情况下应大于 15°。不同水位时水面宽度相差悬殊的测站，可在岸上和河滩下分别设置高、低水位的基线。

（2）测站使用六分仪交会法施测起点距时，布置基线应使六分仪两视线的夹角大于等于 30°，小于等于 120°。基线两端至近岸水边的距离，宜大于交会标志与枯水位高差的 7 倍。当一条基线不能满足上述要求时，可在两岸同时设置两条以上或分别设置高、低水位交会基线。

（3）基线长度应取 10m 的整倍数，用钢尺或校正过的其他尺往返测量两次，往返测量不符值应不超过 1/1000。

4. 基线桩

基线桩宜设在基线的起点和终点处，高水位的基线桩应设在历年最高洪水位以上。

5. 断面桩

水尺断面和测流断面，应在两岸分别设立永久性的断面桩；高水位的断面桩应在历年最高洪水位以上 0.5～1.0m 处；漫滩较远的河流，可设在洪水边界以外；有堤防的河流，可设在堤防背侧的地面上。

6. 断面标志桩

流速仪、浮标测流断面的两岸均应设立坚固、醒目的断面标志桩。当河面较窄时；可在同一岸设立两个断面标志桩，两桩的间距应为近岸标志桩到最远测点距离的 5%～10%，并不得小于 5m。

（三）操作步骤及要求

1. 起点距测量

（1）起点距以左岸断面桩作为起算的零点，正常水面宽在 5m 以下记至 0.01m，5m 以上记至 0.1m。

（2）两岸断面桩之间或固定点的距离，进行往返测量，其不符值应不大于 1/500。以后单程测量与原测结果的不符值不大于 1/500 时可只进行单程测量。

（3）交汇法测起点距时，所设基线应符合：

1）基线长度的往返测量不符值应不大于 1/1000，基线长度应取 10m 的整数倍。

2）经纬仪和平板仪交会时的基线长度应使断面上最远一点的仪器视线与断面夹

角不小 30°，在特殊情况下应不小于 15°。

3）六分仪交会时的基线长度应使断面上任何位置的后视和前视基线的起点和终点视线夹角为 30°～120°。基线两端至水边的距离应不小于基线端点处与枯水水位高差的 7 倍。

2. 水深测量

（1）采用测深杆、测深锤或铅鱼测量水深，并在垂线上两次测深。水深大于 5m 时，记至 0.1m，水深小于 5m 时，记至 0.01m。

（2）要求测深杆测深的两次水深相差不大于 2%，河底不平坦或有波浪时不大于 3%。取两次测深的平均值作为实测水深。

（3）观测悬索与水深垂直方向的偏角，偏角记至度。

（4）悬索偏角大于 10° 时，应进行湿绳改正；悬索支点至水面高差与测得水深比值大于表 5-29-1 时，除做湿绳长度改正外还应做干绳长度改正；缆道测深的偏角改正按《水文缆道测验规范》（SL 443—2009）的规定执行。

表 5-29-1　　　　　　　　　干 湿 长 度 改 正 条 件

铅鱼在河底时的悬索偏角	10°	15°	20°	25°	30°	35°	40°
悬索支点至水面的高差与测得水深的比值	0.64	0.28	0.16	0.10	0.06	0.04	0.03

3. 断面测量资料整理

（1）填写计算断面测量记载表。

（2）绘制河道大断面图。

三、操作中异常情况及其处理原则

断面测量误差要求满足四等水准测量河道断面测量的有关规定，当测量误差不符合要求时，应检查原因，控制或消除测量误差，重测。

（1）起点距测量误差的来源。

1）基线丈量的精度或基线的长度不符合要求。

2）由于断面索的神缩和垂度的变化施测不准。

3）使用经纬仪交会施测时，后视点观测不准或仪器发生位移。

4）使用六分仪交会施测时，测船的摇晃或不在断面测深处施测。

5）仪器的观测和校测不符合要求。

（2）水深测量误差的来源。

1）波浪或测具阻水较大，影响观测。

2）水深测量在横断面上的位置与起点距测量不吻合。

3）悬索的偏角较大。

4）测深杆的刻划或测绳的标志不准，施测时测杆或测锤陷入河床。

5）超声波测深仪的精度不能满足要求，或超声波测深仪的频率与河床地质特征不适应。

6）水深测量的仪器设备在施测前缺少必要的检查和校测。

（3）控制或消除测量误差。

1）当有波浪影响观测时，水深观测不应少于 3 次并取其平均值。

2）对水深测量点必须控制在测流横断面线上。

3）使用铅鱼测深，偏角超过 10° 时应作偏角改正；当偏角过大时，应更换较大铅鱼。

4）应选用合适的超声波测深仪，使其能准确地反映河床分界面。

5）对测宽、测深的仪器和测具应进行校正。

四、案例分析

案例 5-29-1： 请完成断面的水准测量记载表，见表 5-29-2。

表 5-29-2　　　　　　　　　水 准 测 量 记 载 表

测站编号	视准点	后视 上丝 下丝	前视 上丝 下丝	方向及尺号	水准尺读数（m）		黑+K-红（mm）	高差中数（m）
		后视距	前视距		黑面	红面		
		视距差（m）	Σ视距差（m）					
		(1)	(5)	后	(3)	(8)	(13)	
		(2)	(6)	前	(4)	(7)	(14)	(18)
		(9)	(10)	后-前	(16)	(17)	(15)	
		(11)	(12)					
1	BM1-T1	1.614	0.774	后1	1.384	6.171	*0*	
		1.156	0.326	前2	0.551	5.239	*-1*	*+0.8325*
		45.8	*44.8*	后-前	*+0.833*	*+0.932*	*+1*	
		+1.0	*+1.0*					
2	T1-T2	2.188	2.252	后2	1.934	6.622	-1	
		1.682	1.758	前1	2.008	6.796	-1	*-0.0740*
		50.6	*49.4*	后-前	*-0.074*	*-0.174*	0	
		+1.2	*+2.2*					
3	T2-T3	1.922	2.066	后1	1.726	6.512	*+1*	
		1.529	1.668	前2	1.866	6.554	*-1*	*-0.1410*

续表

测站编号	视准点	后视 上丝 / 下丝 后视距 视距差（m）	前视 上丝 / 下丝 前视距 Σ视距差（m）	方向及尺号	水准尺读数（m） 黑面	红面	黑+K-红（mm）	高差中数（m）
		(1)	(5)	后	(3)	(8)	(13)	(18)
		(2)	(6)	前	(4)	(7)	(14)	
		(9)	(10)	后-前	(16)	(17)	(15)	
		(11)	(12)					
3	T2–T3	**39.3**	**39.8**	**后-前**	**-0.140**	**-0.042**	**+2**	
		-0.5	**+1.7**					
4	T3–BM2	2.041	2.220	后2	1.832	6.520	**-1**	**-0.1740**
		1.622	1.790	前1	2.007	6.793	**+1**	
		41.9	**43.0**	**后-前**	**-0.175**	**-0.273**	**-2**	
		-1.1	**+0.6**					
校核		Σ(9) = 177.6	Σ(3) = 6.876，Σ(8) = 25.825					
		Σ(10) = 177	Σ(6) = 6.432，Σ(7) = 25.382 Σ(16) = +0.444，Σ(17) = +0.443					Σ(18) = +0.4435
		(12)末站=+0.6	1/2［Σ(16) + Σ(17)］= +0.4435 =Σ(18)					
		总距离=354.6						

K_1=4.787，K_2=4.687。

解：施测过程中计算，将（9）=［（1）–（2）］×100、（10）=［（5）–（6）］×100、（11）=（9）–（10）、（12）=（12）‾+（11）［（12）–指累计视距差］、（13）=（3）–（8）+K_1、（14）=（4）–（7）+K_2、（15）=（13）–（14）、（16）=（3）–（4）、（17）=（8）–（7）、（18）=（16）–（15）×2/1000列于对应行，见表5–29–2中的黑体字。

最后校核计算。

注：由于两水准尺的红面起始读数相差0.100m，即4.787m与4.687m之差，因此，红面测得的高差为（17）±0.100m，"加"或"减"应以黑面高差为准来定。如表中第一个站红面高差为（17）–0.100m，第二个测站因两水尺交替，红面高差为（17）+0.100m，以后单站用"减"，双数站用"加"。

【思考与练习】

1. 断面布设有哪些要求？

2. 如何控制或消除水深测量误差？

3. 如何进行水准仪的粗平操作？

4. 如何进行水准仪的精平操作？

第三十章

流量测量及数据整理

▲ 模块 1　流量的测量方法（ZY5802302002）

【模块描述】本模块介绍断面流量的测量方法。通过要点讲解、案例分析，了解断面流量测量的仪器和方法。

【模块内容】

一、操作原则及注意事项

1. 操作的一般原则

（1）流量测验应符合现行《河流流量测验规范》（GB 50179—2015）。

（2）观测前应对设备进行巡视，发现问题及时处理。

（3）做好仪器、设备的维护保养工作，以减少在测验工作中产生的各种误差。

（4）必须在建站初期编制测站考证簿。以后遇有变动，应在当年对变动部分及时补充修订，内容变动较多的站，应隔一定年份重新全面修订一次。

2. 操作注意事项

（1）应执行有关测宽、测深的技术要求，并经常对测宽、测深的工具、仪器及有关设备进行检查校正。

（2）用精度较高的秒表计时，并经常检查，消除计时系统误差。

（3）当流量在不断变化时，如测流时间较长，则引入的误差也会大，因此要求在测流时，选用恰当的方法，尽量简化过程，争取把测流历时缩至最短。

（4）流量测次，以满足确定水位流量关系曲线为原则。

（5）要求涨水时先测主流后测滩地，落水时则先测滩地后测主泓。

二、操作要求

1. 流速仪

流速仪种类较多，常见的有转子式（旋桨、旋杯）流速仪，还有声学多普勒测流仪、声学时差法测流仪、电磁点测速仪、电波流速仪等。

LS–68 型旋杯式流速仪的主要由转子部分、接触部分、轭架及尾翼组成。转子部分位于仪器的头部，当水流流动冲击仪器，使其转动，并通过它传递到接触部分，借此来测出水流的速度。接触部分包括偏心筒、齿轮及凸轮、接触丝等部件，为传信的机构。其中齿轮与转子部分的旋轴接触，并一起旋转 68 型旋杯式流速仪，其转轴旋转 20r，齿轮旋转一周，齿轮侧面有凸轮与之同轴转动，凸轮有 4 个突出之处，故当接触丝与之接触时，则旋轴每转 5r 接通电路一次，借此送一个信号。轭架是为支持并联结旋转机构（转子部分），传信机构（接触部分）尾翼及有关附属设备的机体。尾翼系由纵横垂直交叉的四叶片构成的，纵尾翼下方有一狭长槽，在槽中附有可移动的平衡锤，尾翼是用以平衡仪器及使仪器迎向水流的机构。

　　LS25–1 型旋桨式流速仪由旋转部件、身架部件和尾翼部件组成。旋转部件由旋桨及其支承系统组成。接触机构是一个闭合开关装置，其目的在于把旋桨的转数转换为电脉冲信号。身架前端活动环和膨大的喇叭口，当与旋部件装合后，便与反牙螺丝套，具有许多凹槽的轴套等构成了一个曲折的锯齿结构，即使在多沙的河流也能正常工作。尾翼为一长形平面舵，用于平衡仪器和迎合流向，安装于身架尾部的圆柱孔中，并用固尾螺栓固定。

　　2. 测量步骤

　　（1）测试前准备。

　　1）检查水文绞车设备、电源工作是否正常。

　　2）检查缆道的过江索、起重索、循环索是否完好、安全。

　　3）检查流速仪有无污损、变形，仪器旋转是否灵活及接触丝与信号是否正常。

　　4）检查人员配置、安排是否合理，安全措施是否到位。

　　（2）水位观测。除测流开始和终了观测外，在水位涨落急剧时，应根据计算相应水位的需要增加测次。

　　（3）水道断面测量。包括各测线及两岸水边起点距的测量，各垂线水深的测量。当悬索偏角大于 10° 时，要测量悬索偏角。测量方法同断面测量（见模块 ZY5802302001）。

　　（4）流速测量。在各垂线上测量所需要的各点流速，如流向与断面垂直的偏角大于 10° 时，应测量流向。

　　1）计算垂线的起点距和水深。

　　2）测点流速计算。可采用转数、历时计算，或从流速仪检数表上查读，当实测流向偏角大于 10°，且各测点均有记录时，在计算垂线平均流速之前，应做偏角改正，见式（5–30–1）

$$V_n = V \cos\theta \qquad\qquad (5\text{–}30\text{–}1)$$

式中　V_n——垂直于断面的测点流速，m/s；

　　　　V——实测的测点流速，m/s；

θ——流向与断面垂直线的夹角。

3）计算垂线平均流速，当垂线上没有回流时，依据垂线测点数选用表 5-30-1 中对应公式计算。

表 5-30-1　　　　　　　　垂线平均流速计算公式

十一点法	$V_{\mathrm{m}}=\dfrac{1}{10}(0.5V_{0.0}+V_{0.1}+V_{0.2}+V_{0.3}+V_{0.4}+V_{0.5}+V_{0.6}+V_{0.7}+V_{0.8}+V_{0.9}+0.5V_{1.0})$
五点法	$V_{\mathrm{m}}=\dfrac{1}{10}(V_{0.0}+3V_{0.2}+3V_{0.6}+2V_{0.8}+V_{1.0})$
三点法	$V_{\mathrm{m}}=\dfrac{1}{3}(V_{0.2}+V_{0.6}+V_{0.8})$ 或 $V_{\mathrm{m}}=\dfrac{1}{4}(V_{0.2}+2V_{0.6}+V_{0.8})$
二点法	$V_{\mathrm{m}}=\dfrac{1}{2}(V_{0.2}+V_{0.2})$
一点法	$V_{\mathrm{m}}=V_{0.6}$

注　V 的下标为相对水深。

4）部分面积的计算，见式（5-30-2）

$$A_i=\frac{d_{i-1}+d_i}{2}b_i \qquad (5\text{-}30\text{-}2)$$

式中　A_i——第 i 部分面积，m²；

$\quad i$——测速垂线或测深垂线序号，i=1、2、…、n；

$\quad d_i$——第 i 条垂线的实际水深，当测深、测速没有同时进行时，应采用河底高程与测速时的水位算出应用水深，m；

$\quad b_i$——第 i 部分断面宽，m。

5）部分平均流速的计算，两测速垂线中间部分见式（5-30-3），岸边或死水边见式（5-30-4）

$$\overline{V}_i=\frac{V_{\mathrm{m}(i-1)}+V_{\mathrm{m}i}}{2} \qquad (5\text{-}30\text{-}3)$$

式中　$\overline{V}_i$——第 i 部分断面平均流速，m/s；

$\quad V_{\mathrm{m}i}$——第 i 条垂线平均流速（i=1、2、3、…、n-1），m/s。

$$\overline{V}_1=\alpha V_{\mathrm{m}1} \ \ 或 \ \ \overline{V}_1=\alpha V_{\mathrm{m}(n-1)} \qquad (5\text{-}30\text{-}4)$$

式中　α——岸边流速系数，值按表表 5-30-2 选择。

表 5–30–2   岸 边 流 速 系 数 值

岸边情况		系数值
水深均匀地变浅至零的斜坡岸边		0.67～0.75
陡岸边	不平整	0.8
	光滑	0.9
死水与流水交界处的死水边		0.6

注 在计算岸边或死水边部分的平均流速时,对于用深水浮标或浮杆配合流速仪在岸边或死水边垂线上所测的
垂线平均流速,可采用此表。

6)部分平均流量计算

$$q_i = \overline{V}_i A_i \qquad (5\text{–}30\text{–}5)$$

式中　q_i——第 i 部分流量,m³/s;

$\overline{V}_i$——第 i 部分平均流速,m/s;

A_i——第 i 部分面积,m²;

7)断面流量计算

$$Q = \sum_1^n q_i \qquad (5\text{–}30\text{–}6)$$

式中　Q——断面流量,m³/s。

8)测验时对水深、流速纵横向分布逐线逐点做合理性检查,以保证成果精度。

9)现场计算,整理测量成果,并作综合合理性检查,评定精度。

3. 测试结果分析

对单次流量测验成果应及时进行检查分析,当发现测验工作中有差错时,在现场纠正或补救。

(1)单次流量测验成果检查分析内容:测点流速、垂线流速、水深和起点距测量记录的检查分析。

(2)流量测验成果的合理性检查分析。

(3)流量测次布置的合理性检查分析。

(4)河床稳定的测站检查分析。

(5)河床不稳定的测站检查分析。

(6)垂线流速分布的综合分析。

4. 测试报告编写

(1)编制实测流量成果表和实测大断面成果表。

(2)绘制和分析水位流量、水位面积、水位流速关系曲线,并按要求作曲线检验

和标准差计算。

（3）编制水位流量关系表，推求逐时和逐日流量。

（4）编制逐日平均流量表和洪水（或水库）水文要素摘录表。

三、操作中异常情况及其处理原则

（1）流量测验误差过大，不能通过检验。

1）仔细分析，找到误差来源。

a）起点距定位误差。

b）水深测量误差。

c）流速测点定位误差。

d）流向偏角导致的误差。

e）入水物体干扰流态导致的误差。

f）流速仪轴线与流线不平行导致的误差。

g）停表或其他计时装置的误差。

h）检查主要仪器、测具及有关测验设备装置是否进行定期检查。

2）误差控制。减小悬索偏角、缩小仪器偏离垂线下游的偏距。使仪器接近测速点的实际位置，当流速较大时，在不影响测验安全的前提下，应适当加大铅鱼重量；采用悬索和水体传讯的测流装置，减少整个测流设备的阻水力；测速时使测船的纵轴与流线平行，并应保持测船的稳定。

（2）测流过程中水位变化过大。

1）当平均水深大于 1m 时不超过 5%，或当平均水深小于 1m 时不超过 10%，取测流开始和终了两次水位的算术平均值作为相应水位；当测流过程跨越水位峰顶或谷底时，应采取多次实测或摘录水位的算术平均值作为相应水位。

2）水面面积超过上款变化时，水位计算式为

$$z_{\mathrm{m}}=\frac{b_1' V_{\mathrm{m1}} Z_1 + b_2' V_2 Z_2 + \cdots + b_n' V_{\mathrm{m}n} Z_n}{b_1' V_{\mathrm{m1}} + b_2' V_2 + \cdots + b_n' V_{\mathrm{m}n}} \tag{5-30-7}$$

式中　　z_{m}——相应水位，m；

　　　　b_i'——测速垂线所代表的水面宽度，采用该垂线两边两个部分宽的平均值，在岸垂线间的一半所得之和，m；

　　　　$V_{\mathrm{m}i}$——第 i 条垂线的平均流速，m/s；

　　　　Z_i——第 i 条垂线上测速时的基本水尺水位，m。

四、案例分析

案例 5-30-1：某站采用垂线五点法测流，施测断面中间的某垂线（从水底至水面）流速分别为 0.4、5.3、8.0、9.2、7.6m/s，请计算该垂线的平均流速。

代入数据得 7.4m/s，即该垂线的平均流速为 7.4m/s。

【思考与练习】

1. 简述流量测验的主要注意事项。

2. 流量测验的工作内容和要求是什么？

3. 怎样进行单次流量测验成果进行检查分析？

4. 用旋杯式或旋桨式流速仪测流时，信号灯在一瞬间闪了几次，如何解释？

第三十一章

淤 积 断 面 测 量

▲ 模块 1 水库淤积断面的测量方法（ZY580230200）

【模块描述】本模块介绍水库淤积断面的测量方法。通过要点讲解、案例分析，
了解水库淤积断面测量的仪器和方法。

【模块内容】

一、操作原则及注意事项

1. 操作的一般原则

（1）淤积断面测量应符合《水库水文泥沙观测规范》（SL 339—2006）。

（2）观测前应对设备进行巡视，发现问题及时处理。

（3）淤积断面布置范围必须包括水库最高蓄水位高程的淹没，塌岸和水库淤积，
回水发展可能影响到的地区，以及坝下游泄洪时可达到的最高水位的水面曲线。

（4）在库区布设断面，主流和支流均根据需要布设，每隔 5~10 年施测一次。

（5）测量时应注意安全，做好防止跌入水面、防滑落等措施。

（6）应建立断面考证簿，遇有变动，应在当年对变动部分及时补充修订，内容变
动较多的站，应隔一定年份重新全面修订一次。

2. 操作注意事项

（1）水库观测所使用的控制点，应埋设标面，并设置必要标志桩，每隔五年检查
复设一次。

（2）断面标志桩损坏或移动，影响其平面位置及高程要进行补设。

（3）基线的相对误差不得大于千分之一，基线长度应使断面上最远观测点的仪器
视线与断面线的夹角，一般不小于 30°，特殊情况下也不得小于 15°，高程基点不低
于四等水准精度。

二、操作要求

1. 断面布设

（1）固定断面应布设在自坝址至最远淤积末端以上 1~2 个断面的全部库段。相邻

的梯级水库，断面布设应与上级水库的尾水相衔接。

（2）固定断面布设应控制弯道、卡口、扩散段、收缩段、深潭段、陡坡段、最宽库段和最窄库段，同时避开支流入汇口。

（3）固定断面方向宜与水位变幅内的地形等高线走向垂直。

（4）固定断面的断面间距可为 0.5～3.0km，宜使断面法与地形法计算的运行水位下水库容相对误差在 5%以内，应能控制库区平面和纵向的转折变化，正确地反映淤积部位和形态。

（5）固定断面应与已有水文测验断面重合。

（6）分期开发的水库，固定断面布设宜适用于各期需要。

（7）库区固定断面应在干支流分别布设，自大坝向上游顺序编号。断面编号一经确定，不应改变。当断面调整或增加时，应特别注意编号，不应重复。

（8）固定断面一经布设，不宜变动。

（9）水库固定断面应能控制地形转折点的变化，最大测点间距应符合表 5–31–1 的规定。

表 5–31–1　　　　　　　　水库固定断面最大测点间距表

测图比例	1:10 000	1:5000	1:2000	1:1000	1:500
最大测点间距（m）	100	50	20	10	5

（10）水库固定断面水深测量，宜以回声测深仪测深为基本方法，测锤测深和测杆测深为辅助方法。

（11）水库固定断面水位接测，当上游、下游断面间水面落差小于 0.1m 时，可数个断面接测一处；水面落差大于 0.1m 时，应逐个断面接测。水位应按五等水准精度要求接测。

（12）水库固定断面宜两岸埋设永久性固定断面标志，固定断面标志平面应不低于二级图根点精度、高程应不低于五等水准精度。固定断面标志的埋设，应符合下列规定：

1）固定断面标志宜埋设在水库最高设计水位以上稳定处。

2）固定断面标志类型可分为石标、石柱、石刻等。一般地区均应埋石标、石柱；芦苇、树林密集及控制稀少地区宜设标志杆、架。

3）埋设的固定断面标志，应绘制点标记。

2. 操作步骤及要求

（1）水库固定断面测量的起点距，可采用全球卫星定位系统（GPS）、全站仪、激光测距仪、红外测距仪、微波定位仪、经纬仪、六分仪等仪器设备及相应方法施测。采用经纬仪施测时,方法同模块 ZY5802302001。

（2）水下部分,测量方法和要求同模块 ZY5802302001。

（3）观测完成后,应进行测试结果分析及测试报告编写。

1）测量仪器、观测方法、测量时机的检查。

2）原始观测记录校核、审查,计算方法、计算软件审验。包括断面的水深和起点距测量记录的检查分析,河床稳定的测站检查分析和河床不稳定的测站检查分析等。

3）断面考证、数据计算处理。包括收集断面考证簿;断面测量原理记载,计算检查所用的工作图和表,对原理记录进行校对。

4）成果表与断面图制作、合理性对比分析技术报告编制与审查等。包括计算冲淤量、检查各项闭合差的计算,如水位计测、两控制桩之间的距离、高差、水陆交接处等,在限差之内才可通过。

三、操作中异常情况及其处理原则

（1）断面面积计算,一般相对误差应小于 1%,高程的分级按每整米高程划定分级高程面积用数方格法或用求积仪量得,但读数差值不得大于 1%,也可使用式（5-31-1）计算

$$F = \frac{L}{2(A+B)} \qquad (5-31-1)$$

式中　A、B——二垂线的高;

　　　　L——二垂线间距。

（2）淤积量计算可用而二测次各断面的冲淤面积之差为面积,再乘以沿二断面的间距。

（3）淤积量分布检查,可用沙量平衡法验证,考虑丰水丰沙条件,是否在其位置,最后考虑分布是否合理。

四、案例分析

案例 5-31-1:试编写淤积断面踏勘方案。

（1）首先对流域淤积断面进行概况说明。如:由于发展经济,大搞基础、旅游、交通建设,人为向库区填土、填渣,造成库区河床日益淤积、库水位日益提高,造成水库调度计算水量平衡与设计的偏差,将直接影响到电站对发电、防洪等方面的调度和决策等。

（2）拟定踏勘计划。分两步走,一是水、旱路结合;二是走旱路。

（3）踏勘人、财、物预算。包括时间、人员、器材、预算、赔偿费、不可预见费等。

（4）踏勘结语。踏勘的性质是为了下次库区泥沙淤积测量所进行的一次可行性的探索和基础，各断面被毁的标志桩和标点的恢复及视线清障还有大量的工作要做。

【思考与练习】

1. 简述淤积断面的测量方法及要求。

2. 简述淤积断面测量是测定断面线上各地形转折点的起点距和高程的要求。

3. 简述测试结果分析重点分析的内容。

第六部分

水库运用参数复核及
水库调度系统设计

第三十二章

库 容 曲 线 复 核

▲ 模块 1　库容曲线复核的方法（ZY0500102001）

【模块描述】本模块介绍库容曲线复核的几种方法。通过要点讲解、案例分析，熟悉库容曲线复核的方法，能编写复核库容曲线的方案。

【模块内容】

一、水位–库容关系曲线复核的目的和意义

1. 水位–库容关系曲线复核的目的

水位–库容关系曲线是水库运行的基础资料之一，目前我国绝大多数水库都采用的是水量平衡法计算水库入库流量，因此，水位–库容关系曲线的精度决定了水库入库流量的精度。水位–库容关系曲线如果误差大，将影响水库运行资料的积累和设计洪水的校核，亦影响汛期水库的调洪，对水库的长期安全运行极为不利。因此，当经过一段时期的运行，就需要进行水位–库容关系曲线的复核。

2. 水位–库容关系曲线复核的意义

水库库容是水利枢纽设计和运营管理必不可少的重要参数之一，是确定装机容量、大坝高度、泄洪设施、兴利蓄水位、防洪蓄水位等的重要依据之一。库容计算结果的精度和可靠性的提高，是对水利枢纽工程、水库的运营管理决策、动库容研究等强有力的技术支撑。尤其是对水库的正常蓄水位、防洪调峰水位的确定具有很重要的意义，也是大坝安全考虑的重要参数，具有较高的社会效益和经济效益。

二、水位–库容关系曲线复核的方法

1. 利用地形图量测

利用地形图量测水位–库容关系曲线是常规的方法，目前水面以上地形图的测量方法有 RTK（real time kinematic）实时动态测量和飞机航测技术两种方法；水下地形测量目前采用的方法是超声波测量，将水面以上和水下测量结果绘制成库区地形图，用等高线容积法计算水库库容。该计算模型建立在把水体按不同高程面微分成 n 层梯形体，整体库容由 n 层梯形体体积积分求得。考虑梯形体的不规则性，其等高线容积法

计算水库库容数学模型为：

$$V = \sum_{0}^{n} \frac{1}{3} \left(S_i + S_{i+1} + \sqrt{S_i \times S_{i+1}} \right) \times \Delta h_i \qquad (6\text{-}32\text{-}1)$$

式中　V——库容，m^3；

　　　S_i——第 i 根等高线面积，$S_0=0$，m^2；

　　　Δh_i——第 $i \sim i+1$ 根等高线之间高程差，m。

地形图的测量是一个费时的工作，大型水库的测量一般耗时半年，其精度受比例尺和等高线间距的影响，一般常在水库形成之前进行测量。

2. 利用卫星遥感数据量测

利用卫星遥感数据量测水位–库容关系曲线是近 10 年来随着卫星遥感技术和图像分辨率的提高而发展起来的一种新的水位–库容关系曲线量测手段。

应用卫星遥感技术进行水库库容复测的特点有：

（1）视野广。每幅卫星资料的地面覆盖范围约为 3.4 万 km^2，因此一幅卫星图像就能将整个水库库区全貌尽收眼底。其他常规方法无法做到这一点。

（2）周期快。同一地区的卫星资料每隔 16 天就可重复获取。自 1972 年至今，各地区都积累了大量资料，这就给用户提供了极好的机会去选取不同条件下（如不同水位等）的水库动态变化系列资料。

（3）资料新。卫星过境后，地面站就可收到数据资料，加上资料初处理制作的周期，一个月左右就能交于用户手中，所以可以全面快速地反映出当前流域、水库的概貌，以及各种人为影响的变化。

（4）信息多。卫星成像时，不但使用可见光波段，同时还将人眼无法可见的红外波段信息也记录下来，转换成人眼可见的图像，扩大了我们的识别范围。如水体在近红外波段上是充分吸收，图像上为黑色，而陆地、植被等地物都是强漫射反射物体，都程度不同地反射近红外波段，足以与黑色水面形成强烈反差，为水体面积的识别提供了极其有利的条件。

（5）约束少。卫星不受地理条件与区域条件的限制，即使对于边远地区和无人地区也同样能获取理想的资料，另外，它也不像人工测定那样受气候（如恶劣天气）和地形（如植被太高、太密）等影响。事实上，它已把大量艰苦的野外工作，都移到室内完成。

（6）量算准。由于卫星遥感图像是高分辨率图像，所以，根据卫星图像上的水体范围，用计算机来计算面积相当准确，同时，也完全免除了用求积仪在地形图上量算时所产生的各种人为误差和仪器误差。

目前国内的富春江、新安江、乌溪江、古田溪、丰满水库及中朝边境的水丰水库等都利用卫星遥感技术进行了水位–库容关系曲线复核，取得了良好的结果。

三、水位–库容关系曲线复核方案编写

一个水电站复核水位–库容关系曲线采用什么方式，要根据资金、地形、河流情况综合考虑。以某水库为例，复核方案主要从以下几方面来论述。

（一）项目的必要性

某水库现用的库容曲线是 1956 年通过水量平衡计算反推出来的，从各种资料的反映来看，库容曲线存在一些问题。1958 年和 1988 年先后两次对某水库库容曲线进行了测量，1958 年采用人工大地测量，量算库容曲线；1988 年采用航测、水下超声波测量、地面测量配合，用计算机量算。这两次测量经过专家评审，地面测量、航测及超声波水下测量方面都存在较大的误差，而未加采用。但水库库容曲线如不加以解决，将影响水库运行资料的积累和设计洪水的校核，亦将影响汛期水库的调洪，对水库的长期安全运行极为不利，因此，需要进行水库库容曲线的测量。

（二）技术可行性分析

自 1972 年发射第一颗陆地卫星以来，美国已连续发射了 5 颗同一类型的卫星。无论是资料的质量还是分辨率，每一次都有所提高，为世界各国提供了大量有益的资料，在农业、林业、水利、地理、地质、石油、以及军事等领域都得到了广泛的应用。目前在高空飞行的第 5 颗陆地卫星，飞行高度为 705km，98.98min 绕地球一圈，即每 16 天可以飞临全球每个地方一次。卫星上携带了多光谱扫描仪（MSS）和先进的专题制图仪（TM）。这两种传感器可以连续不断地向下拍摄 185km×185km 范围的地面图像。

某水库自 1972 年以来，先后经历了 225.07m 的低水位和 264.75m 的高水位，在此期间的各种水位下的库面面积可通过对卫星图片的量测而获得。加之卫星资料处理软件逐渐成熟，使通过卫星遥感检测水库库容成为可能。

目前国内通过卫星遥感信息进行水库的测量已有先例，浙江省的富春江、新安江、乌溪江等水库均已采用此种方法进行水库库容曲线的复核工作，因此它在技术上是可行的。

（三）工作内容

1. 水库水位–面积关系曲线复核

根据 1990 年以来某水库出现过的最高最低水位之差约 40m 这一情况，收集 40 幅美国陆地卫星图像，使其平均间隔保持 1m 一幅。同时兼顾到经费和精度这两个因素，将采用 20 幅高精度卫星磁带资料和 20 幅卫星胶片资料交叉配合使用。

对卫星胶片资料必须先进行高分辨率扫描、数字化转换，得出接近于卫星磁带资料精度的要求后，才能与卫星磁带资料一起进行地理位置校正、灰度一致化、图像增强、分类判别等图像处理，直至计算出每幅图像的库区水面面积。计算机依据计算出

的水面面积和相应的水位资料绘制出水库的水位–水面面积关系曲线，并采用统计学原理和电子报表技术配置出相应的多项式曲线方程。

2. 水库水位–库容关系曲线复核

依据遥感卫星方法推求出水库水位–水面面积关系曲线后，就能反推水库的水位–库容关系曲线。反推时，考虑到所取的相邻之间水位差极小，库容由式（6–32–1）即可推算

$$V = \sum_{i=1}^{n} V_i \qquad (6\text{–}32\text{–}2)$$

其中

$$V_i = \frac{1}{2} h_i (S_{i-1} + S_i) \qquad (6\text{–}32\text{–}3)$$

式中　V——为某一水位时的库容，m^3；

　　　h——为两次相邻水位的水位差，m；

　　　S——为水面面积，m^2；

　　　i——序数。

同理，也可在计算机上绘制出水库的水位–库容关系曲线，并采用统计学原理和电子报表技术配置出相应的多项式曲线方程。

3. 研制水库集水流域卫星影像图

采用陆地卫星影像与 1:50 000 地形图相结合的方法来确定水库集水流域的卫星影像图。首先对卫星资料根据地形图进行地理位置精校正，然后将 4 幅图像进行镶嵌。在镶嵌后的卫星影像图上，建立三维立体图像，依据山脉的走势逐段确定流域分水线和集水流域的范围。最后，经过计算机图像处理而制成的仿自然色彩的假彩色卫星影像合成流域图，可由计算机进行彩色喷墨打印输出。计算机内的图像与 1:50 000 地形图相当，彩色输出的图幅大小约为 2.2m×1.8m。

4. 研制水库库区枢纽卫星影像图

水库库区枢纽卫星影像图的卫星资料处理方法与水库集水流域卫星影像图的处理方法相同，但需要进一步采用计算机数字化合成技术来进行陆地卫星和航空照片的数字化合成，在卫星影像图上叠加航空照片信息。最后制成仿自然色彩的假彩色卫星影像合成图，可由计算机进行彩色喷墨打印输出。计算机内的图像与 1:10 000 地形图相当，彩色输出的图幅大小约为 2.2m×1.8m。

5. 研制水库集水流域土地利用图

在多波段的卫星资料基础上，采用最大似然监督分类方法，结合野外典型地区的实地调查，对监督分类的"训练样区"进行调整，特别对某些自然状况复杂地区，还

要采用反射率增强和非线性平方根函数的联合方式，才能获取最后的流域土地利用分布图。

流域土地利用分布图共包含有 5 大类 13 小类：

（1）林区（好、中、坏）。

（2）不透水区（城镇、公路、广场）。

（3）水体（河流、水库、塘坝）。

（4）农田（旱地、水田）。

（5）荒地（荒草地、裸地）。

6. 研制水库集水流域林区分布图

类似于土地利用分布图，但主要是针对林区范围内的林种、植被覆盖度等进行更深入的判别，并输出成图。

7. 研制水库集水流域水系分布图

利用卫星红外资料的特性，进行流域水体河网调查。根据近红外波段水体辐射率明显低于其他地物的遥感特性，采用比例测算法，对全流域像元逐个进行测算，可以判别出大于 15m 宽的河道，以及大于 4 个像元（3600m²）的水体。最后，再根据山坡走势，依据河道划分出全流域内各个子流域进行输出。

（四）精度指标

（1）美国陆地卫星资料与 1:50 000 地形图（局部地区与 1:10 000 地形图）进行地理位置校正，保证其量程误差保持在一个像元之内，即小于 30m×30m，并利用边缘灰度级别分析提高水面和陆地的判别，使量测的精度尽量提高。

（2）复核水位范围约为 40m，每间隔水位 1m 复测一个点据，面积曲线、库容曲线的精度相当于 1:10 000 的地形图精度。

（3）选择 1~2 个样区，分别量算最新 1:10 000 地形图上的某个特征水位时的面积和相应的卫星图像上的面积，进行几何验证。

（5）选择一个地形基本不发生变化的地区，进行人工测定，以此来验证遥感方法的精度（由甲方负责组织和安排费用，其他由乙方负责）。

（五）提供成果

（1）水库水位–面积关系曲线及关系表。

（2）水库水位–库容关系曲线及关系表。

（3）水库全流域卫星影像图 5 套。

（4）水库库区枢纽卫星影像图 2 套。

（5）水库全流域土地利用图 1 套。

（6）水库全流域林区分布图 1 套。

（7）水库全流域水系分布图 2 套。

（8）成果报告 50 份。

（9）水库遥感图像处理计算机软件包光盘两套［包括（1）～（8）项］。

（10）卫星图片全部原始资料。

（11）提供库容曲线查询及影像浏览软件。

（12）乙方提供后期对本系统完善、扩充、修改所需要的平台软件。

（六）项目工作进度

（1）甲方在某年某月提供相应卫星资料的实时水位值。

（2）某年某月上旬购买卫星资料。

（3）某年某月提供水位–面积、水位–库容成果。

（4）某年某月提供全部成果并进行成果验收。

（七）成果的验收方式

由甲方负责组织有关部门以会议方式验收。

【思考与练习】

1. 水位–库容关系曲线复核的目的是什么？

2. 水位–库容关系曲线复核的意义是什么？

3. 水位–库容关系曲线复核的方法有哪几种？

第三十三章

泄 流 曲 线 复 核

▲ 模块 1　泄流曲线的复核（ZY0500102002）

【**模块描述**】本模块介绍泄流曲线复核的方法。通过要点讲解、案例分析，熟悉泄流曲线复核的方法，能编写复核泄流曲线的方案。

【**模块内容**】

一、泄流曲线复核的目的和意义

泄流曲线是水电站计算出流量的基础资料之一。对于采用水量平衡法计算水库入库流量的水电站来说，其精度高低决定了汛期入库洪水流量精度的高低，对设计洪水和防洪调度有不可替代的意义。

二、泄流曲线复核的方法

泄流曲线复核的方法常用的有公式法和模型试验法两种方法。

1. 公式法

水电站一般溢流堰均为曲线型实用堰，底坎为曲线型实用堰的闸孔出流（见图 6-33-1）的计算方法如下

$$Q = M_1 BH^{3/2} \qquad (6-33-1)$$

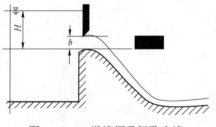

式中　Q ——过堰流量，m³；

　　　M_1 ——流量系数；

　　　B ——堰宽，m；

　　　H ——堰顶全水头，m。

图 6-33-1　溢流堰及闸孔出流

流量系数 M_1 可查阅水力学书籍，根据堰流形式等选择。

2. 模型试验

根据《水工（常规）模型试验规程》（SL 155—2012）的要求，水电站利用模型试验复核泄流曲线是研究建筑物某一部位的水流现象可采用局部模型，比例尺不宜小于 1:50。

（1）试验程序。

1）根据试验任务和要求，制定试验研究大纲，包括试验内容、组次和计划进度等。

2）正式试验应包括原布置试验，修改比较试验和总结试验等。

3）正式试验前应进行预备试验，包括糙率校正和量测仪器率定等。

4）修改比较试验告一段落，应组织模型现场讨论，邀请设计单位来人参加。

5）总结试验结束，应及时整理分析资料，发现可疑点，随时放水补充订正。

6）提出正式试验研究报告。

（2）试验内容与方法。

1）水位与水面线。

a）对应原型水位站设置测针筒，用测针测读筒内水位。

b）通过校平后的活动测针架（或测车），用测针测读水流纵向或横向水面线。

c）选用自动跟踪水位计，测定非恒定流的水位变化过程，每测次重复测量2~3次。

d）用表格记录观测数据，标明试验条件、组次和日期。

2）泄流能力。

a）堰流试验操作步骤如下：

① 闸门全开，固定某一流量，将尾水调至最低，即自由堰流。待水位流量稳定后，测读量水堰和上下游水位测针读数。

② 流量不变，用尾门逐步抬高尾水位。当下游水位影响上游水位时，即淹没堰流。同样，测读量水堰和上下游水位针读数，直至高淹没度堰流为止。

③ 变换流量，重复上述操作步骤，即得新的试验组次。

b）孔流试验操作步骤如下：

① 闸门局部开启，固定某一流量，试验操作方法同堰流。

② 变换一次闸门开度或流量，即得新的试验组次。

用表格记录观测数据然后按公式计算堰流和孔流的流量系数。

有流量系数，就可以根据水力学公式计算流量。

三、案例分析

案例6-33-1：某电厂永庆反调节水库试验大纲。

某电厂永庆反调节水库试验大纲

1. 试验目的

（1）反调节水库库容曲线校核。

（2）反调节水库至电厂机组出口流量传播时间。

（3）反调节水库在保持最小流量 161m³/s 时闸门组合及开度和水位的关系。

2. 试验依据

（1）某院《某电厂三期永庆反调节水库水工模型试验报告》。

（2）某院《永庆反调节水库运行方式研究报告》。

3. 试验单位

某电厂（发电部、维护分厂、水工分厂、检修公司、生技部、基建部）

某市水文局

某院

4. 试验步骤

（1）水库蓄水试验。

1）记录反调节水库当时上下游水位。

2）开 10 台机带满出力 64 万 kW，总流量为 1311m³/s。

3）关闭反调节水库 1、2、6、7、8 号闸门。

4）调节 3、4、5 号闸门开度为 1.6m，下游流量为 221m³/s。水位每上升 0.1m，闸门做相应调节，保持流量不变。

5）每 10min 记录一次反调节水库上、下游水位（时间、水位）。

6）当上游水位达到 192.2m 时，调整机组出力为 P=10 万 kW，Q=下游出流量 221m³/s，并保持 2h 平衡。

（2）闸门开度试验。下游最小流量 161m³/s 时水位闸门开度试验（192.2m）。

1）发电厂机组全部停机。

2）10 号机带厂用电，中性点。

（3）按规定进行闸门水位试验。试验闸门为 3、4 号闸。

（4）市水文局进行下游流量及水位观测，时间大约为 10h。

【思考与练习】

1. 泄流曲线复核的目的和意义是什么？

2. 泄流曲线复核的方法有几种？

3. 模型试验的试验程序有哪几步？

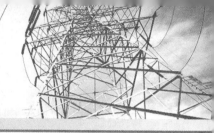

第三十四章

能量指标复核

◢ 模块 1 能量指标的复核（ZY5802402001）

【模块描述】本模块介绍水电站能量指标的复核。通过要点讲解、案例分析，熟悉水电站能量指标复核的方法，能编写复核方案。

【模块内容】

一、水电站能量指标复核的目的和意义

水电站在竣工之前，其能量指标是由设计单位根据大坝断面流量、工程规模、工程任务等综合因素计算确定的。当水电站运行一段时间之后，由于水文资料延长、工程特性或任务改变等影响，能量指标也相应改变，因此需要对水电站能量指标进行复核。

水电站的能量指标通常有两个，即保证出力和多年平均年发电量。符合水电站设计保证率的临界的平均出力就是保证出力，它决定着水电站能够有保证地承担电力系统负荷的工作容量。水电站的多年平均年发电量是直接的产品收益，在足够长的时间内是个稳定值，可作为水电站的年发电量指标。保证出力和多年平均年发电量是否合理，是衡量水电站长期运行经济效益的重要指标。

二、水电站能量指标复核的方法

水电站能量指标复核的方法有时历法和数理统计法两大类。

1. 设计保证率

水电站的设计保证率应根据水电站所在电力系统的负荷特性、系统中的水电比重、河川径流特性、水库调节性能、水电站的规模及其在电力系统中的作用，以及设计保证率以外时段出力降低程度和保证系统用电可能采取的措施等因素，按表6-34-1选用。

表 6-34-1 水 电 站 设 计 保 证 率

电力系统中水电容量比重（%）	<25	25～50	>50
水电站发电设计保证率（%）	80～90	90～95	95～98

注 当系统内有多座水电站时，应按水电站群统一选择设计保证率。

　　径流调节计算应采用时历法。对于多年调节水库,可采用数理统计法或径流随机模拟生成资料进行校核。计算时可采用等出力,也可采用变出力。

　　径流调节的计算时段应根据水库的调节性能、河流水文特性及水电站的水头变化情况选择。对季调节及其以上的水库,可以月为计算单位,对月内流量或水头变化较大的时期,且水库调节能力有限时,宜采用旬为计算时段;对日、周调节或无调节的水电站,宜以日为计算单位。若上游有年调节或多年调节水库,且区间径流较小,其计算时段可按上游水库选择。

　　采用时历法进行径流调节计算时,应合理选择计算起讫点,按时序逐时段进行计算。

　　(1)对于年调节及其以下的水库,可从径流系列第一年丰水期初由死水位开始顺时序计算,直到最后一年枯水期末水库水位降到死水位止。

　　(2)对多年调节水库,连续丰水年的丰水期末水库应蓄到正常蓄水位,连续枯水年的枯水期末水库水位应消落到死水位,计算期起始库水位与计算期末库水位应相同。

　　2. 保证出力

　　水电站的保证出力应根据径流调节计算得到的出力过程,按选定的发电设计保证率确定。

　　对于季调节及其以上的水电站应根据长系列径流调节计算得到的出力过程,按各时段平均出力统计绘制其保证率曲线,按选定的发电设计保证率确定;对于日调节或无调节的水电站,保证出力可根据日平均出力保证率曲线,按选定的发电设计保证率确定。

　　3. 多年平均年发电量

　　水电站多年平均年发电量应采用长系列或代表系列计算年发电量的平均值。当采用代表系列时,其径流统计参数应与长系列统计参数接近,代表系列中应包含丰、平、枯水年;当资料条件不具备时,可采用代表年计算,代表年应包括丰、平、枯典型年;在计算多年平均年发电量时,还应分别统计年内丰、枯水期发电量的多年平均值。

　　承担日调节任务的水电站的出力和年发电量计算,应考虑由于水电站在系统中峰、腰荷运行对水头的影响;具有长输水系统的水电站,应考虑输水系统对流量的限制和水头损失。

　　低水头水电站的出力和年发电量计算,应考虑洪水期下游水位抬高、水轮发电机组水头预想出力对电站出力和年发电量的影响。

　　正常蓄水位比较时的能量指标计算,应考虑水库泥沙淤积、回水对上游梯级能量指标的影响和水库调节对下游梯级的效益,并绘制保证出力和多年平均年发电量与正常蓄水位的关系曲线。

　　死水位比较时的能量指标计算,应考虑水轮发电机组运行条件和上、下游梯级水库的相互影响等。

装机容量比较时的能量指标计算,应考虑电站的运行方式和水轮发电机组的运行条件。

水轮机机组机型比较时的能量指标计算,应计及机组效率的差别。调峰水电站应按各代表年在典型日负荷图上的位置,根据逐时的流量、水头确定水轮发电机组效率,计算发电量;径流式电站可根据日流量历时曲线及相应水头确定水轮发电机组效率,计算发电量。

对于引水式水电站,应根据电站在系统中的运行方式计算压力前池容积;配合引水系统的尺寸选择,计算沿程水头、水量损失和能量指标。

在工程特征值和装机容量选定后,应根据符合设计要求的水库调度图,进行长系列径流调节计算,提出电站上下游水位、水头、出力,流量过程、出力保证率曲线、逐年的发电量和多年平均年发电量。

三、能量指标复核方案编写

能量指标复核方案一般包含以下几个方面。

1. 项目的必要性

一般应从实际流量资料分析能量指标变化的情况,存在哪些问题,对水库运行的影响。

2. 项目的可行性和技术条件

3. 本水电站或梯级水电站资料情况

4. 工期和预计成果

5. 资金预算

四、案例分析

案例 6-34-1:某水电站能量指标复核目录

某水电站能量指标复核目录

1 概述

1.1 研究的目的意义

1.2 国内外研究现状

1.3 研究的主要内容及技术路线

1.4 研究的难点和创新点

2 基本资料

2.1 流域概况

2.2 水电站水库概况

2.3　径流资料

2.4　水位库容关系曲线

2.5　下游水位流量关系曲线

2.6　其他资料

3　水电站动能指标复核计算

3.1　动能指标复核计算的目的及方法

3.2　采用原设计资料进行复核计算

3.3　径流资料改变对发电指标的影响分析

3.4　水库水位与库容关系曲线改变对发电指标的影响分析

3.5　下游水位与流量关系曲线改变对发电指标的影响分析

3.6　发电指标的复核计算

【思考与练习】

1. 水电站能量指标复核的方法有几类？

2. 什么是水电站保证出力？

3. 什么是多年平均年发电量？

4. 在工程特征值和装机容量选定后，如何计算出水电站各种能量指标？

第三十五章

设 计 洪 水 复 核

▲ 模块 1　设计洪水的复核（ZY5802403001）

【模块描述】本模块介绍设计洪水的复核。通过要点讲解、案例分析，掌握设计洪水复核的方法、过程。

【模块内容】

一、设计洪水复核的目的和意义

水电站在立项之初，无论是否有防洪任务，均需要对大坝坝址断面计算出其不同重现期的设计洪水。由于不同地区、地点的水文站网建立时间先后不一，水文（特别是流量）资料的样本系列长短不同，对设计洪水计算的精度、代表性带来一定影响。随着水电站竣工投产，经过多年的运行，积累了长系列的资料，通过对实际运行资料的分析计算，可以复核设计单位提供的设计洪水的精度和代表性，为水电站安全、稳定运行打下良好的基础。

二、设计洪水复核的方法

常用的计算方法有：

1. 统计方法（频率分析计算）

即根据流量资料推求设计洪水。当工程所在地或其附近有较长的洪水流量观测资料，而且有若干次历史洪水资料时，逐年选取当年最大洪峰流量和不同时段（如1天、3天和7天等）的最大洪量，分别组成最大洪峰流量和不同时段最大洪量系列，然后进行频率分析，以确定相应于设计标准的设计洪峰和时段设计洪量。最后，选择典型洪水过程线，按求出的设计洪峰和各时段设计洪量，对典型洪水过程线进行同频率或同倍比放大，作为设计洪水过程线。

2. 水文气象成因分析

即根据雨量资料推求设计洪水。该方法假定，一定重现期的暴雨产生相同重现期的洪水。当工程所在地及其附近洪水流量资料系列过短，不足以直接用洪水流量资料进行频率分析，但流域内具有较长系列雨量资料时，可先求得设计暴雨，然后通过产流和汇流计算，推求设计洪峰、洪量和洪水过程线。

3. 地区综合法

如果工程所在地的洪水流量和雨量资料均短缺，可在自然地理条件相似的地区，对有资料流域的洪水流量、雨量和历史洪水资料进行分析和综合，绘制成各种重现期的洪峰流量、雨量、产流参数和汇流参数等值线图，或将这些参数与流域自然地理特征（流域面积和河道比降等）建立经验关系，然后借助这些图表和经验关系推算设计地点的设计洪水。

三、设计洪水复核方案编写

对于已运行多年的水电站来说，由于已积累了一定系列长的连续流量资料，完全可以采用频率分析计算方法进行设计洪水复核。

设计洪水复核方案一般包含以下几个方面：

1. 项目的必要性

一般应从实际流量资料分析设计洪水存在哪些问题，对水库运行的影响。

2. 项目的可行性和技术条件

3. 本水电站或梯级水电站资料情况

4. 工期和预计成果

5. 资金预算

四、案例分析

案例 6-35-1：A-B 水库防洪联合调度实施方案研究工作大纲。

A-B 水库防洪联合调度实施方案研究工作大纲

1. 项目来源

A、B 水库位于第二松花江干流中上游，是第二松花江干流上最重要的控制性工程，也是松花江流域防洪工程体系的重要组成部分。松花江流域内已建成各类水库共 1614 座，总库容 315 亿 m³，A、B 水库总库容近 170 亿 m³，占流域水库总库容的 54%，A、B 水库在流域防洪中具有举足轻重的作用。2001 年在全国防办主任会议上，国家防总鄂竟平秘书长正式要求松辽委组织开展 A、B 水库防洪联合调度方案编制工作。国家防办为此项目安排了专项经费。

2001 年 8 月 31 日，A、B 水库防洪联合调度方案编制工作正式启动。松辽委召集有关单位开会，成立了由松辽委牵头负责，A、B 水库联调领导小组成员单位人员参加的领导小组和工作小组，研究确定了工作的主要内容。具体的设计工作委托某某进行。

2003 年 8 月，国家防总委托水利水电规划设计总院在北京对 A、B 水库防洪联合调度方案进行了第一次审查，对方案提出了修改意见。会后，某某对方案进行了补充和修改，2003 年 12 月在北京对 A、B 水库防洪联合调度方案进行了最后审查，上报到国家防总。国家防总于 2004 年 5 月对 A、B 水库防洪联合调度方案进行了批复，而目前××水库由于库容曲线改变、溢流曲线等需要对基础径流系列资料、洪水预报方案等进行修订，还要将 A、B 水库防洪联合调度方案变成可供实际操作方案，需要做大量的工作，为此提出此工作大纲。

2. 项目要达到的目标

（1）适应新的调度方案对 A、B 水库洪水联合调度的要求。

（2）使 A、B 水库在遭遇不同频率的洪水时，可以依照批准的联合调度方案进行实际洪水调度。

（3）使 A-B 水库在汛期的洪水联合调度更加科学、合理，充分发挥水库在电网及地区经济建设中的作用，科学利用水资源。

3. 项目可行性

（1）A、B 水库的库容曲线、溢流曲线已通过审查，基础资料的代表性和可靠性得到了保证。

（2）A、B 电厂和东北电网有限公司有一批水库调度方面的技术人员，具有较高的理论水平和实际工作经验。

（3）A、B 电厂和东北电网有限公司和全国不少大专院校、科研、设计部门有多年的合作和协作，能共同将此项目完成好。

4. 主要工作内容

（1）资料系列还原。利用新库容曲线重新反推入库流量，时段分为 6h、12h、日，类型为水库入库、自然、区间径流系列、洪水资料的统计。

（2）洪水系列分析、论证。

1）径流资料改变后洪水量的变化分析。

2）径流资料系列改变后对洪水预报方案的影响程度分析。

3）对以前洪水预报方案情况的分析，并作出影响程度结论。

（3）洪水预报方案修正。如第（2）步工作分析结论认为径流资料系列改变后对洪水预报方案的精度影响较大，需对原预报方案修订或重新制作洪水预报方案，需进行以下工作：

1）利用新的资料和原来的降雨资料重新制作洪水预报方案。

2）原来的降雨–径流相关图（API 模型）及单位线汇流计算方案重新制作。

（4）洪水调度方案制作。

1）单库只考虑出库情况下的实际洪水调度。

2）A-B 洪水联合调度实施方案的编制。

5. 工期与工作量（见表 6-35-1）

表 6-35-1　　　　　　　　　工　期　与　工　作　量

序号	工作内容	工作量	工期	备注
1	洪水资料还原			
2	洪水资料分析论证			外委
3	洪水预报方案修正			外委
4	洪水调度方案制作			外委

6. 费用预算

（1）洪水资料还原____万元。

（2）洪水资料分析论证____万元。

（3）洪水预报方案修正____万元。

（4）洪水调度方案制作____万元。

合计____万元。

【思考与练习】

1. 设计洪水复核的目的和意义是什么？

2. 设计洪水复核的方法有哪些？

3. 设计洪水复核方案一般包含哪几个方面？

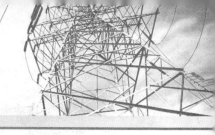

第三十六章

水库调度系统设计

▲ 模块 1 水库调度自动化系统设计方案（ZY5802404001）

【模块描述】本模块介绍水库调度自动化系统设计方案。通过要点讲解、案例分析，能编写设计方案。

【模块内容】

一、水库调度自动化系统的主要功能

水调自动化系统的主要功能包括实时数据采集/处理、实时监控、基础信息查询/维护、中长期预报子系统、实时洪水预报、防洪调度、发电调度、防洪/发电调度会商、水务管理。

1. 数据采集/处理

依据数据通信应用协议，从水情测报系统、EMS 系统、气象部门、水文部门、人机界面、MIS 系统等采集实时水文数据、实时电网及机组信息、水库大坝监测信息、气象信息、发电计划、实际负荷曲线、调度指令、防洪信息、网络通道及网络设备的运行状态、水工和机械设备工况等。

根据采集到的数据信息、文件信息、图像信息等进行合理性检查和记录处理，将实时数据整理成时段数据、流量、功率等数据统计。允许有权限的人工数据、虚拟数据输入，数据修改、增删，或数据导出、导入。

2. 实时监控

通过人机联系手段，实时动态地监视系统内各流域水雨情、电站各项监测参数、闸门和网络运行状态，对异常数据，系统自动发出警报，并发出声、光、语音报警信息，自动启动电话和传呼系统功能，及时报告值班人员进行处理，同时进行实时记录，以备查证。

3. 数据查询/维护

提供图、表方式显示和打印各流域或水系实时和历史水情信息、水文特征值、实时洪水预报、水库调度结果等数据。可按不同的条件和数据组合方式查询数据库中的

全部信息，并按要求进行维护。

4. 中长期径流预报

中长期预报是根据水库的流域水系、降水径流、流域气象、水文要素等历史数据来预报月、季、年的降水或径流量。中长期预报子系统内装有气象部门常用的统计模型和水文部门。

常用的具有完整理论基础的时间序列分析模型。预报方法通常有物理成因分析法、数理统计分析法、成因分析和统计计算相结合的方法。

成因分析法主要分析径流与大气环流的变化、天文要素的变动、海温和洋流情况、下垫面的状况特性等因素的关系。

水文统计方法是通过水文资料的统计分析进行概率预测。成因分析和统计计算相结合的方法则以径流预报为主，参考水文气象信息，采用多种模型，如多元线性回归、自回归、预报集成、周期模型、综合系数模型和环流特征量模型等预报水库来水。

5. 实时洪水预报

实时洪水预报是指在联机的水情自动测报系统中使用实时数据进行洪水预报，它要求满足预报的实时性、精度和预见性，同时能处理各种复杂的异常情况。实时洪水预报子系统主要涉及产流、汇流计算，河道洪水演进与预报等计算步骤，因此子系统内装有降雨径流模型、河道洪水演算模型、实时校正模型等水文专家模型。在预报模型方面，目前我国测报系统采用最多的是新安江模型，其他还有超渗产流模型、水箱模型、萨克拉门托模型等。在作业预报过程中，可以根据误差信息，运用卡尔曼滤波、误差预测、模型参数动态识别等现代系统方法对预报估计值或水文预报模型中的参数进行及时校正。现代洪水预报子系统还增加了基于图形界面的专家交互式预报功能，增强了预报的灵活性，预报员能直接深入掌握预报实施过程中的信息，并可对多模型平行预报的结果做出科学合理的判断。

6. 防洪调度

防洪调度以实时洪水预报结果为基础，实现防洪调度方案的制定、防洪形势分析及防洪决策的辅助计算。防洪调度分为常规调度和优化调度，其中常规调度分为水位控制、泄量控制、预报预泄和补偿调节第四种模式。优化调度方案是在满足各种约束条件下，追求一定防洪目标的洪水调度方案。防洪调度子系统提供人机交互方式，根据调度人员拟定的调度方案，实现水库（群）或防洪系统的调洪演算和河道洪水演进模拟仿真，计算相应的调洪过程和统计指标，为洪水调度提供决策支持。

7. 发电调度

根据从电厂中央控制室中获得的实时发电负荷、日发电量、各机组运行状态等信息和从实时洪水预报子系统中获得的入库流量，以系统分析为基础进行优化调度，提供多种发电调度的辅助决策支持。水库群调度模型在调度周期上划分为长期调度、短期调度和实时滚动优化等三个层次，各层次模型相对独立。发电调度还应包括厂内经济运行和水火电联合调度。

8. 防洪/发电调度

以实时信息、预报调度模型库、风险分析为基础，通过模拟预报调度、未来预演仿真及并行提供候选决策方案、相应的评价指标和决策后果等有关信息，为领导、专家、调度人员提供预报和调度等多方面的群体会商环境。

9. 水务计算管理

水库调度业务管理系统主要是针对规范性、日常使用频率较高的业务项目，建立自动化功能模块程序，以实现水调日常业务自动化。主要包括：绘制各种过程线、关系曲线；收集各水电站运行实况及全网汇总表；各水电站节水增发电量、水库运行调度考核指标的统计；编制常规调度的电网年、季、月、日运行方式；对实时消息、历史资料等数据进行整理、统计、分析，加工生成必要的图表和文字；节水增发电量计算；电站弃水，水量利用分析、水头利用分析；调峰电量、低谷电量，丰、枯电量统计；各种时段的电站效益、电网水电效益计算；报表编辑、图形编辑、报告编辑、电子文件传输。设计时，可将一些通用性较强的功能计算程序用面向对象的设计思想设计成函数、控件等，以便灵活调用。

二、水库调度自动化系统开发的原则

1. 安全可靠性原则

水调自动化系统主要以水库防洪和水库优化调度为目标，因此应确保系统是一个运行十分稳定、可靠的系统，在系统设计中应根据系统不同部分的具体情况，采用不同的干扰防护措施、可靠性保证措施和安全保护措施，以保障系统在各种环境条件仍能稳定、可靠地运行。

2. 实用性原则

水调自动化系统必须满足水库防洪和水库优化调度对水雨情信息采集和传递的准确性、完事性、实时性，以及水情预报和水库调度辅助决策方案的适应性、可操作性等方面的具体要求。所以要充分考虑系统的适应性和实用性，其系统必须适应丰满水电厂的具体情况和特点，才能保障系统的稳定、有效运行，又能保证系统的经济性。

3. 先进性原则

水调自动化系统应是一个技术领先的系统，应尽可能采用国内外水情测报领域、水情预报领域、水库调度领域和计算机通信领域内经初中证明完全成熟的先进技术。

4. 集成化原则

水情自动测报系统和水调自动化系统要集成在统一的平台上，系统内的软硬件要形成有机的整体，以方便维护与使用。

5. 开放性和标准化原则

由于数字信息化技术日新月异及水情预测技术快速发展、水库调度辅助决策技术日趋成熟和电力体制正在激烈变革之中，水调自动化系统必须是一个开放式和可扩展的系统，系统设备之间的接口协议应为国际通用协议，通信协议必须具有开放性，所选用的设备和软件应符合相关的国际标准和国家标准，信息设备应具有中华人民共和国信息产业部颁发的入网许可证，快速实现系统的扩充，并具有与其他系统连接的能力。

6. 可控制性和功能满足性原则

应满足水库日常调度和水库优化调度的各项具体要求，应为提高水库安全经济运行提供有效的支持。

7. 性能价格比优先原则

本系统的设计应在充分满足系统运行的稳定性和可靠性、系统的功能要求、规程规范所规定的技术指标要求的基础上，尽量配置合适的硬件设备，选择适中的主要技术指标要求，使本系统具有较高的性能价格比，以有效降低系统建设投资，提高系统运行效益。

三、案例分析

案例6-36-1：某发电厂水库调度综合自动化系统完善方案目录。

某发电厂水库调度综合自动化系统完善方案目录

第一章 综述

1.1 概述

1.1.1 流域概述

1.1.2 工程概况

1.1.3 自动化系统的发展情况

1.2 系统完善的目标和主要任务

1.2.1 系统完善的目标

1.2.2 系统完善的主要任务

1.2.3 要解决的问题

1.3 系统完善的设计原则及依据

1.3.1 设计原则

第三章 系统配置

3.1 水调自动化系统配置

3.1.1 设备基本要求

3.1.2 设备配置选型

3.1.3 安全区部署

3.1.4 通信软件

3.2 遥测站配置

第四章 本工程实施概算及工期

4.1 费用预算

4.1.1 硬件部分费用预算

4.1.2 遥测站设备

4.1.3 系统软件

4.1.4 软件开发

4.2 费用及工期安排

【思考与练习】

1. 水库调度自动化系统的主要功能有哪些？

2. 水库调度自动化系统开发的原则有哪些？

第七部分

综合利用调度

第三十七章

灌溉（供水）调度过程

▲ 模块 1 灌溉（供水）调度过程（ZY5802501001）

【模块描述】本模块介绍灌溉（供水）调度过程。通过要点讲解、案例分析，熟悉灌溉用水过程的编制，了解水库群灌溉调度的基本原则。

【模块内容】

一、灌溉（供水）调度过程的操作原则及注意事项

1. 灌溉（供水）调度过程操作的一般原则

（1）首先落实灌溉面积、作物组成、需水定额等基本数据，通过详细的分析计算，得出灌溉需水过程线，作为研究灌溉水库调度的依据。

（2）若灌区在坝下游取水，必要时在需水过程中还要考虑下游引水位的要求。

（3）做出尽可能长的灌溉需水过程线系列，与已有的径流系列相适应，特别是多年调节水库一般都应具备长系列灌溉需水过程线资料。

（4）对于年调节水库，一般只按典型年计算。

（5）详细进行径流调节计算。

（6）对于灌溉水库，径流调节计算相对来说比较简单，即进行来水与用水的水量平衡，在一定保证率条件要求下，校核原有的调节库容是否够用，或在已定库容的条件下，校核保证率是否达到设计要求。

（7）根据径流调节计算结果，绘制调度图，划分出正常供水区、加大供水区、限制供水区，制定出调度规则。

（8）在设计保证率的范围内，就水库的年来水量来说，是能满足灌溉需要的，但年内来水过程在分配上不适应灌溉的要求，需由水库进行调节。

（9）由于灌溉要求有一定的供水过程，既不能中断，也不能大幅度减少，否则将引起较大的损失。故在一般情况下，应当按照灌溉要求进行供水。但如果遇到特枯水年份，来水过少，就应当及时调整减少供水，同时在农业上相应采取其他措施，使减少供水的损失降至最低限度，否则，等到水库基本放空再来减少供水，就可能造成很

严重的后果。

（10）由骨干水库、中小型水库、塘堰及灌溉渠道组成的灌溉系统，是具有我国特色的水利灌溉网。灌溉调度中，除了根据灌区多种作物的实际需要合理安排灌溉供水过程以外，主要是抓住水库与塘堰的配合运用及合理配水问题。一般情况下安排先用塘水，后用库水；配水方式，一般先远后近、先高后低。

2. 操作的注意事项

（1）由于水库运行以来各方面的情况均会有所变化，故径流调节计算的结果往往与原设计不一致。如果差别不大，当然可以进行适当处理，但如差别过大，则应通过原设计单位及上级批准后进行修改，明确应采用的数据。一般来说，以适当改变保证率来适应变化的情况比较容易为各方面所接受。

（2）在绘制调度图时，还要根据灌区实际情况，一方面要研究在多水时如何加大用水，增加灌溉及其他方面的效益；另一方面还要研究在少水时采取何种措施节约用水，使减少供水对农业的影响降至最低限度。后者比前者更为重要，如果区间有其他水资源可资利用，则还应制订相应的进行灌溉补偿调节的调度规则。

（3）水库灌溉调度的一个基本要求就是要区分正常供水与减少供水的界限。如果水库还承担有发电任务，由于发电在一定范围内是可以进行调整的，故可在水多时多发，水少时不发或不发，则这时加大供水就有相当的意义。

（4）有的灌溉水库的灌溉需水量可有一定的变动，加大供水就有一定的效益。因此，水库调度上还要区分出正常供水与加大供水的界限。

二、操作要求（包括相关规程对操作的有关规定）

灌溉需水过程线要通过灌溉制度设计来拟定。灌溉制度是农作物在一定的自然条件和农业技术条件下，为获得高产稳产而应采取的灌溉定额、灌水定额、灌水次数和灌水时间的总称。为了获得长系列的灌溉需水过程线，一般应按以下的步骤进行工作。

1. 落实灌区范围、灌溉面积等基本数据

水库经过多年运行后，对灌区的范围、耕地面积、土壤状况、农业现状等应有比较仔细的了解。在此基础上，应进行深入的调查研究，落实在今后一定时期内灌区的发展情况，如灌溉面积、作物组成、当地水源的补给情况、已有灌溉设施的工作情况等，作为计算需水过程线的依据。

2. 研究分析田间需水量

为仔细拟定需水过程，应分别分析各种作物在各个生长阶段的田间需水量，大量实验资料表明，作物田间需水量主要与当地气候因素有关，所以，进行此项工作最好要有当地的灌溉试验资料作依据，如果没有本地试验资料，也可以借用条件类似的外地试验资料。

根据上述作物的田间需水量,再考虑渗漏、泡田等因素,设计出在基本没有降雨的情况下各种作物整个灌溉期的单位面积的需水过程。

3. 分年计算综合灌溉需水过程线

根据灌溉面积、作物组成、降雨量资料、渠系水利用系数及上述各种作物单位面积的需水过程,即可分年计算出综合灌溉需水过程线。

对每一计算时段,在水量平衡中要考虑作物的需水量、有效降雨量、当地径流的利用量、其他灌溉措施的补给量(当灌区内还有较大的调节水库可与本库进行补偿调节时,要研究两者如何配台,其原则后述)以及渠系输水损失水量,如此可得出该年需要由水库供水的过程,各年均按此步骤计算,可得出长系列灌溉需水过程。

三、操作中异常情况及其处理原则

如条件不具备详细计算长系列的灌溉需水过程时,可考虑各种简化办法。如,根据上述方法计算出几个典型年的成果以后,可以分时期点绘灌区平均降雨量与灌溉需水量的关系,由于这两者之间常存在较好的负相关关系,故据以按长系列降雨量资料来插补出长系列灌溉需水资料也有一定的可靠性。如果在水库运行过程中已经积累了较多的实际用水资料,也可以在进行合理性分析(看是否有用水过分不合理的情况)及预计到灌区的发展、作物组成的变化之后,将已有的实际用水资料修改、推估、插补得到长系列的灌溉需水资料。

四、案例分析

案例 7-37-1:丰满水库是以发电为主,兼顾防洪、灌溉、供水等综合利用功能的水库,水库死水位为242m,保证下游城市用水流量 161m³/s,每年 3、4 月,稻田插秧,承担灌溉任务,灌溉要求水库出库流量 350m³/s。2011 年汛期来水特枯,水库水位处于限制供水区运行,为保证 2012 年灌溉,需要提出后期水库运行计划建议。

后期水库运行计划建议如下:

关于丰满水库后期运行计划的建议

国家电网东北调控分中心:

丰满水库是一座不完全多年调节的大型综合利用水库,以发电为主,兼顾防洪、灌溉、供水、航运、养鱼、旅游等综合利用。目前,丰满水库处于水库调度图的保证下游供水区(破坏出力区)运行,水库水位低于多年同期平均值5m,为历史同期第 8 位低水位,1990 年以来同期第 1 位低水位。为确保丰满水库调度科学、合理、经济,充分发挥水库综合利用效益、有效缓解水库后期兴利用水的紧张形势,现将有关情况及后期水库控制运行计划、建议汇报如下。

1. 水库运行情况

2011 年 7 月开始，丰满水库流域涝旱急转，7 月降雨 94mm，为多年平均 190mm 的 49%，月来水 7.82 亿 m^3，为多年平均 25.32 亿 m^3 的 31%；8 月上中旬，降雨 92mm，为多年平均 104mm 的 88%，来水 3.6 亿 m^3，水库来水仅相当多年同期平均 19.36 亿 m^3 的 18.6%。至 8 月 19 日，水库水位为 250.65m，丰满水库已进入后汛期，鉴于前期降雨严重偏少，水库产流系数不足 0.1，场次 50mm 内降雨过程，基本不产流，已无大的来水过程，主汛期水库来水特枯已成定局。

主汛期来水特枯，水库水位下降较大，水库蓄水形势严峻，吉林市农灌要水加剧了这种趋势。吉林市永舒灌区为自流引水灌区，2010 年大洪水造成河道下切，无法自流灌溉，7 月份以来三次与国网东北调控分中心联系、发函要水。

吉林省水利厅以吉汛办〔2011〕58 号文"关于协调丰满水库加大放流的函"要求 7 月 13～18 日，丰满出库 600m^3/s，保证农灌用水。7 月 21 日，吉林省水利厅农水局带领下游永舒灌区到东北调控分中心要水，要求 7 月 21～25 日，丰满水库出库 700m^3/s，确保农灌。8 月 16 日，吉林市政府以吉林市政函〔2011〕302 号文要求 8 月 16～20 日，丰满出库不小于 450m^3/s，保证农灌用水。三次要水使水库多出库 4.2 亿 m^3，水库水位多下降 1.60m，不但使丰满水库经济运行水平大幅下降，而且对明春农灌产生不利影响。

2. 水库控制运行计划

鉴于目前水库水位处于保证下游供水区，水库按调度图运行，水库以满足下游供水为主，不考虑后期特殊用水（雾凇、龙舟赛等可能的供水增加）情况，水库水位控制情况见表 7-37-1。

表 7-37-1　　　　　　　2011 年 9 月～2012 年 4 月水库调度方案

开始时间	入库流量（m^3/s）	发电流量（m^3/s）	发电水量（万 m^3）	初水位（m）	末水位（m）	平均水位（m）
2011-09-01	150	161	38 621	250.16	250.08	250.12
2011-10-01	100	161	40 176	250.08	249.46	249.77
2011-11-01	100	161	39 398	249.46	248.85	249.16
2011-12-01	50	161	41 515	248.85	247.57	248.21
2012-01-01	50	161	42 854	247.57	246.12	246.85
2012-02-01	50	161	41 342	246.12	244.59	245.36
2012-03-01	150	350	97 226	244.59	241.22	242.91
2012-04-01	500	350	99 101	241.22	243.21	242.22

根据此运行控制方案，2011 年 10 月 1 日水库水位为 249.46m，2012 年 3 月水库水位可能降到死水位以下，消落深度视 2012 年春汛情况而定。

3. 水库控制运行情况建议

由于水库按照保障下游基本用水需求的方式运行，水库水位仍存在消落到死水位以下的可能。为协调水库各综合利用需求，尽最大可能发挥水库的综合效益，建议如下：

（1）考虑水库的综合利用，建议水库不消落到死水位以下。

（2）为防止水库水位消落到死水位以下，建议考虑丰满水库梯级联调的方式，统筹考虑水库运行。

（3）建议建立调度协商机制，重大调度建议与丰满发电厂上级主管单位进行协调，以保证发电、供水、灌溉、航运等水库综合利用效益的发挥。

（4）建议控制机组过低负荷运行调度，适度保障水库经济运行。

丰满发电厂

2011 年 8 月 19 日

【思考与练习】

1. 制作灌溉需水过程线，需要哪些基础数据？

2. 调度图一般分哪些调度区？

3. 依据调度图如何进行灌溉调度？

4. 水库群灌溉调度的基本原则是什么？

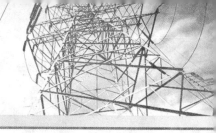

第三十八章

防 凌 调 度

▲ 模块 1　河流及水库冰凌现象（ZY5802503001）

【模块描述】本模块介绍河流及水库冰凌现象。通过要点讲解、案例分析，了解河流、水库冰凌现象的特点和冰凌的分布。

【模块内容】

一、河流及水库冰凌现象

我国北纬 30°以北地区的河流在寒冷的冬季普遍存在有冰凌现象，在河流冰情发展过程中河段的水位、流量过程与畅流期发生较大变化。影响河流冰情的首要因素是水体与大气间的热量交换即热力因素（包括水温、气温、地温、太阳辐射等）。同时动力因素（包括流量、流速、槽蓄水量、风速、风向等）也是其中的重要因素，而河道特征（包括河流走向、断面形态、比降、河道形态等）的作用也不可忽视。河流水体中冰的形成与消失过程，大体上可归纳为流凌、封冻、解冻三个时期。

秋末冬初季节，随着气温下降，水内冰的体积逐渐增大成为冰花，并上浮到水面，冰花之间相互冻结大成为冰块及与破碎的岸冰结合在一起，随水流向下游流动的现象称为流凌。气温继续下降，流凌密度及厚度也不断增加，在水流不畅的河段会出现冰凌的壅塞，并开始封冻。封冻是指枉河段内出现横跨两岸的稳定冰盖。后续冰凌的不断壅塞使封冻向上游发展，形成整个河段的封冻。其间如果遭遇较强寒流过程，封冻可发展很快，使全河段迅速形成冰盖；如果气温变化反复，可造成封冻河段又很快解冻然后再次封冻的情况。河段的封冻形态与河道地形、水力、热力、风向、风速等因素有关，一般分为平封和立封两种类型。平封是指封冻期间水流平缓，冻结时凌块基本成平铺形态，形成的冰盖表面比较平整；立封一般是由于封冻期间河段流速较大或遇大风天气，冻结时凌块相互挤压、倾斜、重叠，使冰盖表面起伏不平的冰堆形态。一个封冻河段可能分段呈现出平封与立封两种形态，相对来说，立封形态下更容易形成冰塞。封冻初期，冰盖继续增厚，直到水体不再向大气散发热量为止，这时水内冰不再继续产生。如果封冻河段之间仍留有尚未冻结形成冰盖的部分（称为清沟或亮子）

将继续产生水内冰，并向下游流动，使下游冰盖继续向上发展，有时水内冰潜入下游冰盖并堆积，形成冰塞。冰塞是指封冻初期在冰盖发展过程中，上游水流挟带的大量冰花进入封冻冰盖下面形成堆积，堵塞部分过水断面，使河道过水能力减小，从而壅高上游水位的现象。冰塞主要容易在水流由急变缓的河段形成，形成冰塞处在解冻时期还容易形成冰坝。河段封冻后，根据冬季的长短，一般要持续一段稳定封冻期。封冻期间，河段上游来水量的一部分以结冰的形式滞留在封冻河段，增加了河段槽蓄水量。

春季到来后，气温逐渐回升，冰盖表面开始消融，融水渗入冰体使其结构发生变化，冰质变松，冰色由青变白发黄；同时土壤吸热增温，使岸冰脱岸、冰盖滑动并解体，直至河段解冻开河。解体的冰块在随水流向下运动过程中，如果遇到阻挡，可能发生堆积形成冰坝而造成灾害。冰坝是指解冻开河时期，在卡口、弯道、浅滩以及未解体的冰盖前缘等处发生大量流冰受阻、堆积并发展，形成横跨整个或大部分断面的冰堆，使上游水位快速壅高的现象。冰坝产生的危害是一方面可能使其上游水漫堤坝；另一方面是在冰坝溃决时会造成较大的洪峰，促使下游武开河，并可能继续产生新的冰坝。主要在热力因素作用下，使冰盖质地逐渐疏松、大部分就地融化、充分解体形成的开河形势称为文开河，相应的开河历时较长，水势较平稳，流冰量较少，基本不会形成灾害。当冰盖仍然坚硬尚未解体，由于上游流量激增，鼓开冰层，这种以水力作用为主的开河形式称为武开河，该情况下河流水位、流量突变，流冰量较大，较易卡冰结坝造成灾害。冰盖在热力作用下已经相当疏松的情况下配合适当的水力作用，使开河进程加速的情况称为半文半武开。

二、冰凌的分布特征

由于河流所处的地理位置、地形地貌、气候、水力特点等因素不同，各地河流的冰情也不同。新疆河流的冰期长达 7 个月，黑龙江及内蒙古的东北部冰期在半年以上，黄河上游、吉林、黑龙江及西北地区冰期一般为 4～5 个月，黄河中、下游及河北、辽宁一带冰期为 2～3 个月。

三、冰凌灾害

河流冰情往往伴随着各种冰凌灾害，影响水电站等的正常运行，甚至破坏水工建筑物，当产生冰塞、冰坝时，还会造成水位壅高、决堤漫溢。例如，1961 年刘家峡水电站施工期间，其下游盐锅峡水库回水末端发生冰塞，并向上游发展形成长达 30km 的严重冰塞，使刘家峡坝址处水位壅高近 10m，接近千年一遇洪水位，壅水超过下游围堰顶约 7m，冰花填塞整个基坑达两个月；1961 年新疆玛纳斯河红山咀电站整个引水渠被流冰堵塞，停运近 4 个月；1989 年 12 月黄河内蒙古段封冻期间，由于上游流量突然增大，造成封冻河段末端水鼓冰开，水位壅高，河水漫堤，形成灾害。

四、案例分析

案例 7–38–1： 北方某水库，下游 75km 以外，一般在 11 月～次年 4 月结冰。介绍在提出该期间段调度方案时应考虑的事项。

考虑坝下 75km 里外江面全部封冻，过度加大出流，可能会造成冰坝、跑滩等问题，因此在调度方案制作中，需从多方面加以考虑：

（1）查阅设计报告，看该期间段是否有出流控制约束要求。

经查，无明确要求。

（2）调查开江日期相关资料。

经查阅相关统计资料，水库下游江面，靠近大坝侧一般在 4 月 11 日开始开江，并向下游传导。考虑河道洪水传播问题，水库可以从 4 月 11 日加大出库流量。

（3）调查历史调度情况。

经查阅历史调度资料，从 1980 年以来，11 月 1 日～4 月 11 日冰冻阶段，发电出流超过 650m³/s 的天数为 5 天，最大发电出流超过 728m³/s。因此，该区间段发电出流建议控制在 700m³/s 以下。

（4）事后验证。

某年 3 月 3 日 7:00，由于在实际调度控制中水库出流过大，连续两天 750m³/s，导致坝下 150km 内的江面被冲开，一艘渡船被冲走，船主组织 9 名群众乘两只小船施救时，船也被江水冲走。由于下游江面未解冻，上游冰凌不断冲击，9 人随船被困松花江主航道中部，距岸边 500m 左右。原沈阳军区某陆航团 3 月 4 日 8:00 出动一架直升机急救 9 名被困松花江群众。

【思考与练习】

1. 影响河流冰情的因素有哪些？
2. 河流水体中冰的形成与消失过程，大体上可归纳为几个时期？
3. 简述冰凌的分布特征。
4. 简述冰凌灾害。

▲ 模块 2　河流及水库冰凌预报（ZY5802503002）

【模块描述】本模块介绍冰情预报。通过要点讲解、案例分析，熟悉流凌开始日期预报；封冻日期预报；开河日期预报和水库防凌调度方式。

【模块内容】

一、河流及水库冰凌预报的操作原则及注意事项

1. 河流及水库冰凌预报操作的一般原则

（1）冰情预报就是针对上述冰情现象发展变化过程，分析其影响的具体因素，寻求恰当的反映指标，从而建立冰情要素与这些指标的经验关系来制作冰情预报方案。

（2）从冰情预报对象来说，可分为河道冰情预报和水库冰情预报两大类。

（3）按照冰情现象及其变化过程，冰情预报包括流凌、封冻及开河日期预报，以及冰盖（冰厚）发展过程的预报。

（4）按照凌汛安全预警要求，还应该对开河形势提早做出判断，并对凌汛最高水位及最大流量进行预报。

（5）冰情预报主要采用经验和统计的方法，冰情现象的发生，是由于水体温度受大气对流失热下降至 0℃以下所致，其影响因素比较复杂，需要通过对大量的历史资料统计分析，选取与预报对象有密切关系的因素，包括热力、动力等。

（6）表示热力的因素主要有气温、水温，气温包括气温稳定转负与转正的时间、最高最低气温、日旬平均气温及累积气温等；水温包括某日的水温值和水温降至零度的时间。

（7）动力因素主要考虑时段（如日、旬）平均流量和断面平均流速等。

2. 操作的注意事项

（1）采用气温预报，由于气温预报的误差，对预报精度会有影响。

（2）和其他水文预报一样，冰情预报方案的建立必须以物理成因分析为基础，避免单纯的数理统计关系可能对预报造成的误导。

二、操作要求（包括相关规程对操作的有关规定）

（1）以河段热量平衡原理为基础，通过热力因子对流凌开始日期、封冻日期和开河日期等项目，采用统计法和相关图法进行冰情预报。

（2）资料较充分时，归纳出冰情数学模型来进行预报。

三、操作中异常情况及其处理原则

当气温预报误差大，对冰情预报精度影响较大，应及时修正气温预报成果，对冰情预报进行修正。

四、案例分析

案例 7-38-2： 石嘴山站开河日期预报。

预报过程如下：

对开河日期资料，进行分析。发现，可用最大冰盖厚度反映融冰时冰盖阻抗特性，上游站流量表示水力作用，累计最高正气温值反映气温的吸热量，他们与解冻日期有较好的关系。

编制石嘴山站开河日期预报模型

$$D_k = 12.272\,5 + 43.550\,7h + 0.027\,5Q - 0.067\,5\Sigma T - 1.229\,6t$$

式中　D_k——开河日期，以 3 月 1 日为起点；

　　　h——冰厚；

　　　Q——兰州站 2 月下旬流量；

　　ΣT——1 月 1 日～2 月 15 日的累计气温；

　　　t——3 月上旬平均气温预报值。

【思考与练习】

1. 按照凌汛安全预警要求，需开展哪些工作？

2. 冰情预报考虑的热力因素有哪些？

3. 冰情预报考虑的动力因素有哪些？

第三十九章

泥 沙 调 度

▲ 模块 1 水库泥沙（ZY5802502001）

【模块描述】本模块介绍水库泥沙冲淤现象及其规律。通过要点讲解、案例分析，了解库区的水流流态和输沙流态、库区泥沙淤积形态、水库泥沙的冲刷现象、水库泥沙冲淤的基本规律。

【模块内容】

天然河流中的泥沙运动和水流状态密切相关，不同水流流态的挟沙能力也不相同。在水流与河床相互作用的过程中，河床的变迁主要通过泥沙运动来实现。一方面，泥沙淤积可使河床抬高；另一方面，泥沙冲刷可使河床降低。河流上兴建水库以后，库区水流流态发生了变化，致使库区泥沙运动规律也随之变化，需要通过冲淤来重新调整河床。

一、库区的水流流态和输沙流态

对于库区泥沙冲淤，库区水流流态主要有壅水流态和均匀流态两种。

当挡水建筑物起壅水作用时，库区水面形成壅水曲线，水深沿程加大，流速沿程降低，这种流态称为壅水流态。

当挡水建筑物不起或基本不起挡水作用时，库区水流与天然河道水流流态相似，称这种流态为均匀流态。均匀流态的挟沙特征与一般天然河道相同，可以挟带的泥沙数量是饱和沙量，故又称为明流输沙。

当上游来沙量与水流可挟沙量不一致时，就会产生淤积或冲刷，常称为沿程淤积或冲刷。在壅水流态下一种情况是，若浑水进入壅水段后，泥沙扩散到水流的全断面，过水断面各处都有一定的流速和含沙量，就形成壅水明流输沙流态。但由于壅水，流速沿程递减，由此而产生的泥沙淤积称为壅水明流淤积。另一种情况是，如果入库浑水含沙浓度较高且细颗粒较多，浑水入库后，不与清水参混，而是潜入清水下面沿库底向下游运动，有的中途消失，有的可一直到达坝前，这种在清水下面运动的浑水水流称为异重流，这种输沙流态称为异重流输沙流态。异重流沿程的落淤称为异重流淤积。当异重流抵达坝前不能排出库外，则异重流浑水就在坝前清水下面滑蓄而形成浑水水库。浑水水库因泥沙颗粒较细且含沙浓度较高，因而其沉降过程不同于明流输沙过程，故称为浑水水库输沙流态，这种淤积为浑水水库淤积。由此可见，库区不同的水流流态对应不同的输沙流态和相应的淤积形态。

二、库区泥沙淤积形态

库区泥沙淤积形态，就其纵剖面形态而言，可分为三角形淤积、锥体淤积和带状淤积三类。

三角形淤积是指淤积体的纵剖面呈三角形形态的淤积，对于库容较大、库水位较高且变幅较小、同时来沙量较少且颗粒较粗的水库，挟沙水流进入回水末端以后，随着水深的沿程增加，水流速度沿程减小，相应挟沙能力沿程减小，泥沙就不断落淤，首先在库尾淤积。由于挟沙能力的沿程减小和水流含沙量的递减，形成三角形淤积。随着淤积面的抬高，后来的泥沙在前面的泥沙淤积面上继续向前推进。为此，使三角形淤积不断向坝前发展。一般情况下，经常处在高水位运用的大型水库，尤其是湖泊形成的水库，库区淤积多为三角形淤积形态。

锥体淤积是指淤积体的纵剖面呈锥体形态。当三角形淤积不断沿程增大发展到坝前时，即成锥体淤积，一般河流上的中小型水库，库容小，底坡大，壅水段短且库水位变幅较大，在进库泥沙量多的情况下，水流能将大量泥沙带到坝前，易于形成锥体淤积。

带状淤积是指淤积体均匀地分布在回水范围内库段的淤积。对于来沙量小、泥沙颗粒较细、库区流速较大、库水位变幅较大的水库，常形成带状淤积。

影响淤积纵剖面形态的因素主要有：库区地形、入库水沙条件、水库运行调度、库容大小和汇流情况等。其中水库运行调度方式对淤积形状起着决定性作用。至于库区泥沙的横断面淤积形态，主要有全断面水平抬高、主槽淤积和沿四周的均匀淤积三种。

三、水库泥沙的冲刷现象

库区泥沙的冲刷可分为溯源冲刷、沿程冲刷和壅水冲刷三种。

溯源冲刷是指当库水位下降时所产生的向上游发展的冲刷。其冲刷强度随库水位降落到淤积面以下越低就越大，相应向上发展速度也越快，冲刷末端发展也越远。其发展形势与库水位降落情况及前期淤积物的密实抗冲性有关。当前期淤积有压密的抗冲性较强的黏土层时，在冲刷中库区床面常形成局部跌水；否则，冲刷呈层状从淤积面向深层同时也向上游发展。沿程冲刷是指不受库水位升降影响的库段，仅因水沙条件改变而引起的冲刷。这种冲刷是从上游向下游发展的。由此可见，当库区回水末端附近需冲淤时常采用沿程冲刷来清除，而近坝段的淤积则多用溯源冲刷来清淤。壅水冲刷是指当库水位较高且无入库洪水时，开启底孔闸门所发生的冲刷。这种冲刷只在底孔前形成一个范围有限的冲刷漏斗。其漏斗发展的大小与淤积物的固结程度有关，漏斗发展完毕，冲刷也就结束。

四、水库泥沙冲淤的基本规律

水库的淤积或冲刷都是调整水流挟沙能力，使河槽适应水库来水来沙及其他外在条件的一种手段。淤积总是向不淤积的方向发展；而冲刷则是朝着不冲刷的方向发展。输沙不平衡引起了冲淤，冲淤的目的是为了达到不冲淤的平衡状态。但冲淤发展过程中的平衡状态不是指原河道的平衡状态，而是新的平衡状态，而且冲刷和淤积达到的新平衡状态又各不相同。这就是冲淤发展的平衡趋向性规律，是冲淤发展过程中的一个基本规律。

冲刷使水流集中，冲刷河宽与冲刷时的流量大小有密切的关系。所以冲刷作用集中在河槽以内，其主槽能交替冲淤；滩地除了坍塌之外，不能通过冲刷降低滩面高程，所以滩地只淤不冲，逐年抬高，因而称为"死滩活槽"现象。而淤积则不同，水到哪里，哪里就会形成淤积。只要洪水漫滩，全断面上就有淤积。当库水位下降时，水流归槽且冲刷主要集中在槽内，将库区拉出一条深槽。所谓"淤积–大片，冲刷一条线"，就是对这种水库冲淤发展规律非常形象的描述。

【思考与练习】

1. 就库区泥沙冲淤而言，库区水流流态有几种？
2. 库区泥沙淤积形态，就其纵剖面形态而言，可分为几类？
3. 简述三角形淤积。
4. 库区泥沙的冲刷可分为哪几种？
5. 简述水库泥沙冲淤的基本规律。

▲ 模块 2 水库泥沙调度方法（ZY5802502002）

【模块描述】 本模块介绍泥沙调度方法。通过要点讲解、案例分析，熟悉泥沙调度方法的分类；滞洪排沙调度、异重流排沙调度和水库泥沙调度方式的选择。

【模块内容】

一、泥沙调度方法分类

水库泥沙调度就是要根据水库及其流域的具体水沙特性，结合水库各种兴利要求，通过对水库水位和泄量的运用控制，达到排沙、减淤目的。目前我国水库泥沙调度方式大致可分为拦洪蓄水和蓄清排浑两大类。

1. 拦洪蓄水运行方式

拦洪蓄水运行方式以径流调节为主，除兴利放水外，不考虑泥沙调节或只利用弃水排沙。以汛期是否进行泄流排沙可分为蓄洪拦沙和蓄洪排沙两种运用方式。蓄洪拦沙运行方式是指在汛期拦蓄洪水而不泄流排沙，适合于我国南方大多数含沙量少的河流上的水库；蓄洪排沙运行方式是指在汛期水库以拦蓄洪水为主，有时也通过异重流排沙或浑水水库排沙，由于排沙历时短，水库运行水位较高，因而排沙量有限，效果并不明显，故适合用于我国南方或北方一些含沙量较低、库容较大的水库。

2. 蓄清排浑运行方式

蓄清排浑运行方式是我国多沙河流水库目前所采用的主要运用方式，常采用的排沙措施有以下几种：

（1）滞洪排沙。水库空库迎汛时的明流壅水排沙或蓄水情况下的浑水水库排沙，称为滞洪排沙。其优点是排沙效率高，一般可达 80%左右，在有利的水沙年份可达年内冲淤平衡；缺点是在空库迎汛期间供水保证率低。

（2）异重流排沙。水库在蓄水情况下，利用异重流形式排除洪水本身挟带的泥沙，称为异重流排沙。中小型水库异重流较易形成，且排沙率高，一般可达 50%~60%。由于不大影响水库兴利蓄水，故实际应用较普遍。

（3）泄空冲沙。泄空冲沙是指水库在泄空过程中，随着库水位降低，水流流速随之增大，冲刷力逐渐提高，从而将库内部分游积泥沙冲出库外，泄空冲沙的冲刷范围及冲刷量虽然有限，但对排除洞口淤泥较为有利。

（4）基流冲沙。是指在空库情况下，利用含沙少的清水基流对库区淤积泥沙进行冲刷，并利用深槽两侧的滑塌、淤泥进行排淤，虽然基流较小且冲刷有限，但可在库区拉出一条深槽，对形成和保持有效库容极为有利。

（5）人工辅助排沙。是指在水库泄空期间，通过人工措施扩大水流冲沙效果，如扩宽和新开沟槽等，使其达到排除部分滩地淤积和扩大沟槽的目的。

二、滞洪排沙调度

滞洪排沙为蓄清排浑运行的一种方式，是目前多沙河流上水库较普遍采用的一种运行方式。概括起来，有如下特点：

（1）排沙减淤效果显著。由于滞洪排沙运行方式在汛期只滞洪而不蓄洪，是以空库或低水位运行，因此，汛期洪水挟带的泥沙绝大部分能被带至坝前，随着洪水的下泄或水库的泄空排出库外，并在水库泄空的过程中，甚至还能将前期蓄水落淤的泥沙冲刷并排出库外，排沙效率很高。

（2）出库含沙量由高到低变化，其瞬时值一般大于相应的入库值。但需指出，这一特点是就一般洪水而言的。若洪水较大，挟沙较粗，洪水在库内停滞时间较长，泥沙就会发生落淤，虽出库水流含沙量仍较高，但出库的总沙量却较入库总沙量要小。

（3）年内不同来沙期表现出不同的运行调度特点。非汛期来沙少，水库为兴利蓄水；汛初来洪量小且沙量有限，一般可降低水位运行；汛期中洪水频繁且沙量集中，应泄空水库滞洪排沙；汛末，来沙量减小且基流较大，一般应关闸蓄水，此时如来洪水，可采取异重流排沙。

滞洪排沙调度的重点是选择排沙泄量，这是水库运行调度合理与否的主要标志之一。泄量过小，会直接影响水库的排沙减淤；泄量过大，使放水历时缩短，不利于下游灌区引洪灌溉的泥沙利用。因此，如何选择水库滞洪排沙泄量是滞洪排沙运行应首先解决的一个突出问题。

目前确定水库排沙泄量大致有两种办法。一是经验法，根据水库自身运行的实际经验所总结出的一套泄流标准；二是经验分析法，在滞洪排沙运行中，据实测资料分析，一定条件下的排沙效率与泄量大小呈正比关系，即泄量愈大，泥沙在库中滞留时间愈短，排沙效率愈高，反之亦然。

根据水库运用经验，可采取如下措施提高滞洪排沙效率：

1）及时启闸排沙。根据对一些水库观测得知，一次洪水的峰前水量约占洪水总量的 20%，而峰前沙量却占总沙量的 30%～50%。另外，峰前水量所含泥沙的中值粒径较峰后水量所含泥沙的中值粒径大 60%左右，即峰前不仅含沙量高，而且泥沙颗粒较粗。因此，洪水入库，如能及时启闸排沙，就会使这部分高浓度粗颗粒的泥沙，在落淤之前被排出库外，提高排沙效率；同时，及时启闸排沙，可控制坝前水位壅高，减少滩面落淤量。

2）合理控制排沙泄量。在滞洪排沙运行中，可根据前已述及的排沙效率与泄量的关系，以及滞洪排沙出库含沙量从大到小变化的特点，采用前期大泄量、后期小泄量，力求使平均泄量合理的运行方式。

3）控制滞洪历时。滞洪排沙要注重利用水库在滞洪过程中，泥沙在库区滞留时间内来不及落淤便随水流排出库外的特点，因此控制滞洪历时选择非常重要。据某水库观测资料分析，排沙效率与滞洪历时 T 成反比。

三、异重流排沙调度

异重流排沙运行是蓄清排浑的主要方式之一，由于它可利用水库的调节能力而无需泄空水库排沙，因而应用较为广泛。

1. 异重流发生的条件

异重流发生主要有异重和能量两个必要条件。异重是指入库浑水和库内清水在比重上有差异，产生有效重力，这种浑水的异重是靠细颗粒泥沙的足够含量形成的；而能是指入库浑水水流还要具有足够的能量，以克服阻力潜入库底并向前运动。

2. 异重流的持续条件

异重流形成以后，需要有一定的持续条件，才能持续不断向前运动，直至坝前并排出库外。持续条件一旦破坏，异重流就会停止并就地消失。持续条件之一是要有持续的含细沙浓度和单宽流量的入库浑水；二是洪峰持续时间必须大于异重流运动至坝址的历时。若洪峰历时短，异重流在流至坝址前骤减或消失，无法实现异重流排沙。此外，库区地形条件对异重流的持续也有很大影响，特殊障碍物较少，变化比较平缓的深槽河谷，有利于异重流的持续；反之，过急的弯道，突然缩窄或放宽以及平而宽的河谷，都不利于异重流的持续。

3. 异重流排沙起始时刻的确定

异重流行进至坝前的时刻，应该是异重流排沙的起始时刻。若异重流还未到坝前过早开闸，则势必浪费水量；反之，开闸过迟，使异重流受阻，泥沙落淤而损失库容。因此，准确掌握异重流排沙起始时刻，对于实现异重流排沙运行十分重要。

4. 异重流排沙泄量的选择

排沙泄量选择对于异重流排沙运行十分重要。排沙泄量过大，势必浪费清水，不利于水库兴利调度；反之，若泄量过小，则使应该排出泥沙因泄量不足而不能排出，造成泥沙落淤。由于异重流排沙比较复杂，迄今还无成熟的泄量确定方法，目前多采用经验相关关系来确定泄量。

通过对我国一些水库异重流排沙资料的分析表明，异重流排沙与滞洪排沙明显的区别在于前期蓄水量的影响，即异重流排沙除受到与滞洪排沙相同的停滞历时影响外，还受到前期蓄水量的影响。在一定条件下，水库前期蓄水量愈大（回水距离愈长），异重流行进中能量损失就愈大，排沙效率就愈低；反之，则排沙效率就愈高。显然，当前期蓄水量小到一定程度后，它对异重流的影响口可忽略不计，这时的异重流排沙效率与滞洪排沙效率大致相同，水流流态也从异重流流态变为明流流态。因此，从一定意义上讲，滞洪排沙可看作是当水库前期蓄水量趋于最少时的异重流排沙。

5. 提高异重流排沙效率的措施

在一定的来水来沙条件下，欲提高异重流排沙效率，关键在于减少异重流挟带泥沙在库内的淤积。通过分析可知，异重流淤积包括两部分：一是异重流运行中的淤积，即当洪水潜入水库底部，以异重流形式向坝前运动时，由于沿程阻力以及水流扩散等影响，使流速降低，能量锐减，首先发生的粗颗粒泥沙淤积；二是异重流抵达坝前后的淤积，即由于泄流闸门启闭不及时，或者因排泄量过小，使异重流在坝前受阻而发生的壅水淤积。为此，在异重流排沙运动中，通常采用以下措施提高排沙效率。

（1）降低前期运行水位，缩短回水距离。异重流排沙时，前期运行水位愈高，水库回水愈长，异重流沿程能量损失愈大，其排沙效率就愈低。大型水库排沙效率较中小型水库低，主要是因为其回水长、比降缓、沿程淤积量大。

（2）合理调度水库，以形成有利于异重流排沙的滩、槽形态。研究表明，库区有无明显的滩、槽形态，对异重流排沙效率影响极大。若淤积库面上无槽存在，则异重流入库后将呈扇形展开，使流速剧减，影响异重流行进至坝前。即使能达到坝前，也由于泥沙大量落淤，排沙效率将大大降低。据恒山水库观测，当洪峰流量 $40\sim50\text{m}^3/\text{s}$ 时，有槽较无槽异重流排沙效率约高出 30%左右。

（3）及时开闸排沙使异重流随来随走。据官厅水库测定，因开闸不及时，异重流排沙效率较之正常情况下约降低 20%～40%。运行经验表明，开闸是否及时，不仅影响排沙效率，而且对水库安全运行也影响极大。

（4）合理选取排沙泄量减少异重流壅水淤积。据统计，中小型水库坝前壅水淤积，往往占异重流淤积总量的 60%～80%，故合理选取排沙泄量，对提高异重流的排沙效率关系很大。

四、水库泥沙调度方式的选择

水库排沙运用方式的选择，要根据水库所担负的任务、来水来沙特性、库区冲淤规律及形态特征等因素，进行综合分析、全面考虑，针对不同水库及不同时期，分别采用合理的方式。

（一）影响水库运行方式的因素

1. 水库担负的任务

每个水库都担负有一定的任务，如防洪、发电、灌溉、航运、供水等任务中的一项或几项。这些任务对水库的要求都与排沙存在一定矛盾，如防洪对库容的要求、航运对库尾航深和泥沙淤积部位的要求、灌溉对引洪放淤沙量和高程的要求等，对水库汛期运行方式选择都有一定的影响。

2. 水库来水来沙特性

我国北方河流泥沙多，而且来沙集中，年内沙量70%～80%集中在7、8月。但汛期有两种情况，一种是汛期水量多，占全年 70%～80%.洪水次数也多，这种地区的水库可采用蓄清排浑运行方式，若非汛期蓄水量不够，可拦蓄部分含沙量较低的洪水；另一种情况是汛期水量少，只占全年的20%～30%，洪水次数也少，又值作物需水期，这种地区的水库不能空库迎汛和滞洪排沙，而需要控制蓄洪，可视汛后库内泥沙淤积情况，进行年或多年一次泄空冲沙。南方河流泥沙较少，一般可采用蓄洪方式运行，但若遇有泥沙含量较集中的洪水，水库也可采用蓄洪排沙运行方式，排沙减淤。

3. 库区地形特征

一定水沙条件下的宽阔湖泊型水库，水流弱，挟沙力小，库水位稍有抬高，就会形成大量淤积且不易冲刷，一般采用滞洪排沙运行方式以防止水库淤积；而对窄深峡谷河道型水库，水流强，挟沙力大，淤后易冲，故可采用蓄洪排沙或蓄清排浑的泥沙多年调节方式，如三门峡、刘家峡等水库。

4. 水库上下游关系

水库运行不能仅着眼于本水库，还要兼顾上下游，如上游重要城镇、古迹、交通干线、农田等，应注意不使回水末端上延和淤积。如下游有水库或排沙不畅的河段，如黄河中下游，则上游水库排沙时应注意不致引起下游水库和河道的淤积而造成危害。

（二）选择水库运行方式的依据

各个水库都有自身的特点，自然环境千差万别，即使同一座水库，在不同时期，情况不会相同，必须根据"因地制宜，因时制宜"的原则，实事求是地分析具体条件和情况，在错综复杂的矛盾中，抓住主要矛盾，考虑上述水库运行方式影响因素作出正确选择。

1. 兴利为主水库的泥沙调度方式

（1）以保持有效库容为泥沙调度目标的水库，宜在汛期或部分汛期控制水库水位调沙，也可按分级流量控制库水位调沙，或不控制库水位采用异重流或敞泄排沙等方式。

（2）以引水防沙为主要目标的低水头枢纽、引水式枢纽，宜采用按分级流量控制库水位调沙或敞泄排沙等方式。

（3）多沙河流水库初期运用的泥沙调度宜以合理拦沙为主；水库后期的泥沙调度宜以排沙或蓄清排浑、拦排结合为主。

（4）采用控制库水位调沙的水库应设置排沙水位。应研究所在河流的水沙特性、库区形态和水库调节性能及综合利用要求等因素，综合分析确定水库排沙水位、排沙时间。有防洪任务水库的排沙水位应结合防洪限制水位研究确定，排沙水位的泄洪能力应不小于两年一遇的洪峰流量。

（5）应根据水库泥沙调度的要求设置调沙库容。调沙库容应选择不利的入库水沙组合系列，结合水库泥沙调度方式通过冲淤计算确定。

（6）采用异重流排沙方式时，应结合异重流形成和持续条件，提出相应的工程措施和水库运行规则。

（7）对于承担航运任务的水库，调度设计中应合理控制水库水位和下泄流量，使涉及范围内满足通航的要求。

2. 调水调沙水库的泥沙调度方式

调水调沙水库一般可分为两个大的时期，一是水库运用初期即拦沙和调水调沙运用时期；二是水库运用后期即拦沙完成后的蓄清排浑和调水调沙的正常运用时期。水库初期拦沙和调水调沙运用时期的泥沙调度方式，应研究该时期水库下游河道减淤、控制库区淤积形态、保持有效库容对水库运用的要求，并统筹兼顾灌溉、发电和其他综合利用效益等因素。研究水库泥沙调度指标，综合拟定该时期的泥沙调度方式。

（1）水库起始运行水位应根据库区地形、库容分布特点，考虑库区干支流淤积量、部位、形态（包括干支流倒灌）及起调水位下蓄水拦沙库容占总库容的比例、水库下游河道减淤及冲刷影响、综合利用效益等因素，通过方案比较拟定。

（2）调控流量要考虑下游河道河势变化及工程险情、河道主槽过流能力、河道减淤效果及冲刷影响、水库的淤积发展及综合利用效益等因素，通过方案比较拟定。

（3）调控库容要考虑调水调沙要求、保持有效库容要求、下游河道减淤及纵横断面形态调整、综合利用效益等因素，通过方案比较拟定。

水库正常运用时期蓄清排浑和调水调沙运用的泥沙调度指标和泥沙调度方式，要重点考虑保持长期有效库容、控制水库淤积上延和水库下游河道持续减淤等方面的要求，并统筹兼顾灌溉、发电等其他综合利用效益等因素。

3. 梯级水库的泥沙调度方式

梯级水库联合调水调沙运用，应根据水库水沙特性、工程特点和下游河道的减淤要求，拟定梯级水库联合调水调沙方案，采用同步水文泥沙系列，分析预测库区淤积、水库下游河道减淤效益及兴利指标，通过综合比较分析，提出梯级水库联合调水调沙调度方式。

五、案例分析

案例 7-39-1 蒲石河抽水蓄能电站，下水库坝址位于蒲石河下游的王家街村附近，坝址以上集水面积 1141km²。大洪水发生时河流的泥沙含量较大，实测最大含沙量达到 19kg/m³。下水库库沙比为 68，库容系数仅为 0.018，调节库容较小，如果仅采用维持正常高不变的调洪方式，50 年后有效库容将损失 30% 以上。为此需要制定减小下水库有效库容淤损的水沙调度方案。

方案制定过程如下：

1. 泥沙调度方式选择

（1）分析流域的水沙特性。蒲石河流域输沙过程与洪水过程相应，但沙量较洪量更为集中，大洪水年份入库输沙量主要集中在洪峰附近数小时内。

（2）水库特性分析。下水库泄流能力很大，具备低水位大流量的排沙冲刷能力，且假使遇到设计或校核标准洪水，其泄流能力满足大坝自身安全运行的要求。

（3）电站功能分析。蒲石河抽水蓄能电站不承担供水和下游防洪任务，下水库库容系数较小，汛期降低水位运行后，具备很快蓄水，并恢复到高水位运行的条件，对电站效益影响很小。

综合以上条件分析，下水库宜采用非汛期抬高运行水位、汛期降低运行水位的蓄清排浑排沙运行方式。

2. 排沙运行方案制定、比较

（1）根据流域洪水特性、输沙特性、水库特性和电站功能等条件，本次按分级流量控制，拟定了 4 个运行方案，见表 7–39–1。

表 7–39–1　　　　　　　　　　　下水库拟定的排沙运行方案

方案	坝前水位（m）		运行方式
	非汛期	汛期	
Ⅰ	66.0	66.0	保持不变
Ⅱ	66.0	65.36	保持不变
Ⅲ	66.0	65.36	当 $Q_{rk}>1000m^3/s$ 时，库水位滞后 4h 降为 62.0m
Ⅳ	66.0	65.36	当 $Q_{rk}>500m^3/s$ 时，库水位滞后 4h 降为 62.0m

注　汛期不考虑冰库容及备用库容，则库水位降至 65.36m。

（2）排沙运行方案制定比较。根据拟定的下水库排沙运行方案，以 1958～1993 年共 36 年系列为基础，利用建立的下水库泥沙冲淤数学模型分别进行不同运行方案运行 36 年、50 年的泥沙冲淤计算，从下水库泥沙淤积量上对比分析各方案的排沙效果（见表 7–39–2）。

表 7–39–2　　　　　　　　　　蒲石河下水库泥沙淤积量成果

项目	单位	计算系列	方案			
			Ⅰ	Ⅱ	Ⅲ	Ⅳ
悬移质排沙比	%	36	48.2	52.2	64.9	66.9
		50	51.8	55.8	68.6	70.6
有效库容淤积量	10^4m^3	36	215	107	51.3	32.3
		50	358	222	66.3	33.3
总淤积量（66.0m 以下）	10^4m^3	36	1019	944	775	769

方案 Ⅰ 泥沙淤积量最大，运行 50 年总淤积量为 $1019\times10^4m^3$（66.0m 以下），悬移质泥沙排沙比为 51.8%，有效库容内淤积量为 $358\times10^4m^3$，占有效库容的 28.5%。方案 Ⅱ 汛期运行水位较方案 Ⅰ 降低了 0.64m，但库内淤积量没有显著改善。方案 Ⅲ、方案 Ⅳ 采取了汛期大洪水时降低库水位的运行方式，排沙比增大，水库淤积量特别是有效库容内淤积量大幅度减少。方案 Ⅳ 运行 50 年总淤积量为 $769\times10^4m^3$，悬移质泥沙排沙比为 70.6%，有效库容内淤积量为 $33.3\times10^4m^3$，仅占有效库容的 2.65%。

综上可见，下水库采用汛期临时降低库水位的运行方式，可有效控制有效库容的淤积损失。方案Ⅳ运行50年,悬移质泥沙排沙比可达70.6%,有效库容内淤积量为33.3×$10^4 m^3$,仅占有效库容的2.65%,减淤效果最好。

【思考与练习】

1. 泥沙调度方法分哪几类?
2. 蓄清排浑运行方式常用哪些排砂措施?
3. 滞洪排沙调度采取哪些措施提高滞洪排沙效率?
4. 简述提高异重流排沙效率的措施。
5. 水库泥沙调度方式的选择依据是什么?

第四十章

航 运 调 度

▲ 模块 1 航运调度（ZY5802504001）

【模块描述】本模块介绍航运调度。通过概念描述、原理讲解，了解航运调度的方式。

【模块内容】

一、船舶对航道的要求

船舶对航道的要求可归结为两个方面：一是不同吨位的船只都有一定的吃水深度，它要求航道有与其等级相应的航运水深；二是船只有一个保持其定倾中心稳定的问题，航道水流纵、横向的比降若超过一定值，船只就有倾覆危险，而且若港区水面若起伏较大，将导致码头和停船忽升忽降，影响正常工作。所以，航道水流应当是稳定流，这样，航运对水位和流速方面的要求才能得到满足。因此，水库航运调度应满足涉及范围内航道、港口和通航建筑物等航运设施的最高与最低通航水位、最大与最小通航流量、流速等安全运用的要求。

二、航运调度方式

航运调度方式包括固定下泄调度方式和变动下泄调度方式，两种调度方式都应该满足航运要求，即在航运保证率范围内的水库下泄流量应不小于最小通航流量、不大于最大通航流量，且其变动幅度应满足上下游航道的流态要求。

以发电为主、兼顾航运的水库，枯水期消落水位和洪水期泄流量应兼顾航运的要求，电站日运行方式及发电出力变幅应兼顾航运对通航水位、水位变幅、表面流速的要求，尽可能减少对正常航运的影响。

对于重要航道，应协调好发电和航运的关系，制定两者兼顾的水库调度方式。当发电等其他兴利任务用水与下游航运用水矛盾时，应根据它们的主次关系和各自的设计保证率，按两级调度方式进行用水量调度。

以航运为主的水库，应尽量保持均匀放流；若受库容等条件限制，在满足正常航运的前提下，也可采用多级泄流方式，并兼顾发电效益。

三、对于航运不是主要任务的水库，航运调度措施

（1）关于电站日调节问题，基于水电站的特点，它在系统中适宜担任尖峰负荷，故水电站调峰通常是必要的、经济的，即日调节不可避免。但为了统筹兼顾到航运方面，应在担负峰荷的数量上及负荷曲线的形式上与系统调度方面协商做好安排，使电站只担任必要的部分，负荷曲线尽可能避免突变，从而使日内泄水过程变化不过于剧烈。根据泄水过程，还应进行电站下游日调节的不恒定流计算，以校验是否满足航运方面对水位、流速变化的要求。如果航运与发电矛盾很大，还应提供研究情况请上级主管部门做出究竟按何种方式运行的决策。

（2）在日常兴利调度中，应按照原水利规划的要求为航运补充水量。如果规定在非灌溉季节有补充航运用水的安排，应当执行；如果航运用水是与其他（发电、灌溉等）用水结合的，则应注意当其他方面放水不足航运最低要求时应尽量按航运最低要求放水。要做到这一点，就必须实行正常调度，不要因为发电的一时需要过分加大出力，以致后期水库消落过低，不但没有发电用水，连航运的最低要求也满足不了，过去有这方面教训。

（3）在日常的洪水调度中，主要应当根据防洪要求来进行泄水；但当有条件时，也应尽可能照顾航运，不使泄量过大及变化过猛。特别是在某一流量以上就要停航时，希望一般情况下泄量不要超过此流量，必须超过时则应事先告知，以免造成损失。

（4）对水库的消落，也希望在可能条件下照顾到交通接续的实际情况。水库消落是不可以避免的，而消落以后，由于无适当的码头地点而可能使交通接续发生很大困难，给库区人民造成很大不便。故在调度中应尽可能使船能到达合适的码头。对于库尾航道的淤积问题，解决是比较困难的，只有逐步摸索出规律，找到在哪些库水位及其他条件情况下对淤积有利、哪些情况下很少产生淤积，然后根据航道的重要性拟定相应的调度措施，使水库尽可能少在会促使航道淤积的情况下运行。至于专门为改善下游航运而修建的调节水库，应首先根据航运的要求来拟定调度方式，其原则与供水水库基本相同。

四、反调节水库的调度方式

反调节水库是专门为了航运的需要而兴建的，其作用是把上一级水库由于电站日调节而产生的日内剧烈变化的泄水过程调节成比较均匀的过程下泄，以适应航运的要求。目前，长江上已建的葛洲坝水利枢纽将来就是三峡水利枢纽的反调节水库。

有了反调节水库，上一级水库水电站的装机容量及运行方式就可以不受或少受日调节的限制，效益显著。对下游航运最有利的反调节就是把泄水过程完全拉平，但这样做需要较大的日调节库容，而有时受各种限制不能获得这么大的库容。另外，反调节水库消落过多会引起本水库电站较大的电能损失（因平均水头降低），还可能使反调

节水库库区流态不满足航运要求，所以有时并不把反调节水库的泄水过程完全拉平，而允许有小范围的波动，这种波动应当在航运方面允许的范围内。在拟定反调节水库的运用方式时，一般使本水电站与上级主要水库的电站共同担负同一系统的尖峰负荷，即从系统日负荷图上划出两个电站共同担任的部分，然后在两个电站之间进行出力分配。为充分利用电站容量及减少所需日调节库容，在出力分配时一般应尽量使两个电站日内的最大出力在同一时间。拟定出力方案后，即可进行主电站及反调节电站联合运行的径流调节计算与反调节水库库区及下游出流的流态计算，看各种水力因素是否满足航运方面的要求；如不满足，应改变出力分配方式重新计算，直至找出比较理想的出力分配方案，进行实际调度。

五、案例分析

案例 7-40-1： 以三峡水利枢纽为例，阐述航运调度。

航运调度过程如下：

1. 三峡水库运行调度概述

三峡水库运行调度范围十分广泛，在库区狭义范围的运行调度，其主要任务如下：

（1）枢纽工程安全运行的管理和协调，包括发电、防洪、船闸、生态综合调度，大坝建筑物和水工设备的维修检查及运行管理，坝区土地及地上物资管理等。

（2）水库资源的管理和协调，包括水域（水量、水质、水土流失及库容等）、航运（航道整治、船舶过闸及翻坝综合运输）、岸线（码头建设、地灾治理、库岸再造）、土地（消落区、库岸生态屏障区、孤岛）、生物（水陆生物如鱼、鸟及植物类）、旅游（水域娱乐、峡江景观、文物史话）等。

（3）与上下游各水库管理、航运、水利、农业等单位建立联动机制，以确保防洪、发电、航运、供水、生态需求水量的合理调度。

除上述外，上游至向家坝坝区、下游至荆江河段上端、部分工作范围乃至河口的延伸范围，其主要任务是上游涉及水量、水质、泥沙、航运、水土流失，下游涉及河道、堤岸、水质、水量、航运、河口生态、江湖关系等工作研究协调。此外，包括移民安置区、水库周边的行政区域的广义范围，其移民稳定、人口增长、产业布局等社会经济发展方面都与水库发生关联工作的配合。

2. 三峡工程的航运任务

根据重庆以下川江航道的自然条件、经济发展对航运的需要以及三峡工程可能改善航运条件的能力，对三峡工程的航运要求是：

（1）渠化重庆以下川江航道，辅以必要的整治措施，根本改善航道条件，扩大通过能力，降低运输成本，使之与长江中下游航道相适应，满足经济、社会发展对川江航运的需要。

（2）实现万吨级船队渝汉直达的基本目标。万吨级船队能到达重庆主要港区九龙坡的通航保证率要有50%以上。

（3）三峡工程的特征水位应与上游干支流相邻枢纽的坝下通航水位基本衔接，并尽量缩短水库消落期出现的天然航道长度，为上游干支流航道逐步实现渠化创造条件。

（4）三峡水库调度应兼顾上游航运对维持较高库水位的要求及下游航运对增加枯水流量的要求，使工程上、下游航道条件都得到改善。

（5）三峡工程通航建筑物规模应与葛洲坝枢纽的航道通过能力相适应，满足较长时期内过坝货运量的增长要求。工程施工期应保证航运畅通。三峡工程建成后，将显著改善宜昌至重庆660km的长江航道，万吨级船队可直达重庆港。航道单向年通过能力可由现在的约1000万t提高到5000万t，运输成本可降低35%～37%。经水库调节，宜昌下游枯水季最小流量，可从3000m³/s提高到5000m³/s以上，使长江中下游枯水季航运条件也有较大的改善。

3. 三峡水库运行调度中航运与其他部门的关系

（1）延长汛末走沙期与发电的关系。三峡水库区变动回水区宽窄相间，在天然情况下，汛期大流量时窄段或峡谷壅水，造成河道淤积，汛末或汛后壅水消失而发生冲刷，俗称走沙。在干支流汇合的重庆段，由于汛期干支流洪水相互顶托和汛末及汛后顶托消失也有类似的冲淤规律，这是天然情况下枯水期航道能保持一定通航条件的重要因素之一。但按照发电调度的要求，10月充蓄水库，水位由145m均匀地上升到正常蓄水位175m，当水库水位上升后，库尾将自下而上先后受到回水顶托影响，从而使流速减小，天然河道条件下的走沙被削弱，对航运不利。特别是某些大沙年份库尾如有较多淤积物，又未得到较充分的走沙，则在来年汛初库水位降低后可能造成碍航。因此，在三峡工程论证阶段泥沙专家曾提出能否适当放慢三峡水库蓄水过程，以照顾到走沙的需要。放慢蓄水过程，意味着10月及11月的发电水头减小，由于这些月份已无弃水，必然减少发电量。在实际运行中，建议一般按原定方案蓄水，如当年汛期库尾实际淤积较多，可视情况决定是否放慢蓄水速度。

（2）枯水期末消落速度与航运、发电、防洪的关系。根据航运方面对水库调度的要求，希望枯水期库水位尽量高一些，以使得万吨级船队直达重庆九龙坡的保证率达到50%以上。从水文条件分析，若坝前水位在164m以上，水库回水即可覆盖重庆河段，重庆九龙坡港即具备接纳万吨级船队能力。为此，在特征水位选择时已确定5月底库水位不低于155m，并在水库调度原则上考虑在枯水期尽量保持高水位运行，按照保证出力发电。这样调度对航运和发电都有利，在3月以前也与其他方面无矛盾。但到4月以后，如果仍继续这样运行，则在5月可能保持比155m高得多的库水位。而从防洪方面考虑，6月10日应当消落至145m，这就可能造成5月及6月上旬水库泄水很多，如果遇到长江中下游来水很早、很大，则有可能加重防洪负担，如果6月上旬上游来水较大，还可能产生发电弃水。

因此，从防洪角度考虑，希望三峡水库存水能较均匀地泄放，不要集中到5月下旬及6月上旬，因6月上旬已经要在天然来水基础上增泄约6500m³/s(泄放155~145m的56.5亿m³水量)，对下游防洪已有一定负担，如再增加泄量，则防洪负担更大。考虑到防洪是三峡工程的首要任务，且不能因建三峡后还给中下游带来防洪方面的不利影响，应探求合理可行的控制4、5月水位的方案。

（3）6月上旬遇到上游来水较枯时如何改善航运条件，在一般年份，当由于防洪需要于6月上旬末将库水位降至防洪限制水位145m时，上游来水已经开始增大，可以基本满足航运要求。但遇到特殊的来水情况，6月上旬来水流量还很小（如作为泥沙代表系列1961~1970年中的1969年6月上旬来水流量仅为3540m³/s)，则航运条件很不利。此时，有可能要根据短期水文预报情况在6月上旬末保持水位比145m高一些，上游来水加大后，再降至145m。对此问题，在发电调度中进行了研究，如把库水位消落到防洪限制水位145m的时间推迟到6月中旬，则多年平均发电量增加1.8亿kWh，6月上旬平均库水位提高了5m，对发电、航运均是有利的，但有违于防洪、排沙的一般调度原则。考虑到如果上游来水枯，一般沙也较少，则该年6月中旬水位适当高于防洪限制水位（排沙水位），影响也不大，可根据当年水情预报及来水情况决定是否采取这样的调度措施，但要注意泄水不要与中下游支流洪水遭遇。

（4）电站日调节与航运的关系。为充分发挥三峡水电站的容量作用，电站进行日调节是必须的，在规划设计中，对电站装机容量及日调节方式与航运的关系已做了很多论证，一般来说，航运方面是可以适应的。电站建成后还要通过实际运行，加强试验研究，使发电与航运二者配合得更好。

【思考与练习】

1. 简述船舶对航道的要求。
2. 水库航运调度应满足哪些安全运用的要求？
3. 航运调度方式包括哪几种？
4. 以发电为主、兼顾航运的水库，枯水期如何调度？

第四十一章

生　态　调　度

▲ 模块1　生态调度（ZY5802504002）

【模块描述】本模块介绍生态调度。通过概念描述、原理讲解，了解不同生态环境要求的水库调度。

【模块内容】

一、修建水库带来的影响

修建水库将带来防洪、灌溉、发电、航运、给水等方面巨大的效益，但同时也将对环境产生相当大的影响。这些影响是多方面的：

（1）在物理影响方面，包括水库的淤积与下游河道的冲淤变化、河流水文状态的变化、水温的变化、对气候和冰冻情况的影响，对地震的影响等。

（2）在生物及化学影响方面，包括水化学成分的改变、对鱼类的影响、对植物的影响、营养物质的富集、对鸟类及哺乳动物的影响、对卫生方面的影响等。

（3）对人类的直接影响方面，有淹没、移民、景观等方面的问题。

以上影响有积极的一面，也有消极的一面。消极的方面有的必须通过工程措施才能解决，而有的可以通过改变水库调度方式来得到改善或消除。另外，河流原有的污染问题，有的也可以通过改变上游水库的调度方式来得到一定的改善。

二、现行调度方式存在的主要问题

现行水库的管理制度和调度运行模式的主要任务是处理、协调防洪和兴利的矛盾以及兴利任务之间的利益。

从河流生态系统保护的角度看，现行调度方式存在的主要问题：

（1）大多数的水库调度方案没有考虑坝下游生态保护和库区水环境保护的要求。目前一些大型水电站（进行调峰调度运行时）和支流开发的引水式水电站，往往只重视发电效益，忽视了坝下游生态保护的要求，如电站在调峰运行和引水发电时，导致坝下游出现减水河段，甚至脱水河段，使下游水生物（尤其是鱼类）的生存环境遭受极大破坏，一些减水和脱水河段的生物多样性遭受严重破坏，直接威胁坝下游水生态的安全。由于水库对下泄流量的调节作用，也可能引起水库下游局部河段出现水体富营养化。

（2）受水库调度运行的影响，会引发库区局部缓流区域或支流回水区出现水体富营养化，甚至"水华"现象的发生；水库消落带的利用与水库的调度运行不协调，可能造成消落带利用而污染水库水质。

（3）缺乏对水资源的统一调度与管理。

三、水库生态调度

流域水资源统一调度和河流生态健康等，是水库调度的发展方向。为解决现行调度方式存在的主要问题，必须开展以控制河流断流、河床抬高、河流污染、水体富营养化与水华的发生，控制河口咸潮入侵和调节水沙为目标的水库生态调度。

1. 改善下游水质方面

修建水库后，由于洪水削减了原有的洪水流量，对于枯水期一般是增加下游的枯水流量，故一般情况下，建库对改善下游水质是有利的，特别是原有河道污染严重时，由于水库的附带使枯水流量的增加即河流的稀释自净能力增加，从而使水质得到显著的改善。

但如果在水库的正常调度中有意识地考虑改善下游水质的要求，会收到更好的效果。解决这一问题，首先要摸清控制河段污染的临界时期，即在调查各河段的污染源（包括污染负荷、污水量、污水排放方式以及各种污染物的排放浓度等）及分析河段的污染特性的基础上，确定控制河段污染的临界时期。如松花江哈尔滨等地以 12 月～次年 3 月冰封期水质最坏，上海黄浦江有机污染发黑、发臭多在 5 月～9 月，而受咸潮倒灌影响自来水水质多发生在 1～4 月。知道控制污染的临界期，才能进行改变水库调度的研究。

明确控制污染的临界期，即可在水库调度中研究能否改变供水方式以适应下游改善水质的要求。对于发电方面，可以在电力系统统一调度中研究容量电量平衡的前提下适当调整水电出力的过程，增加在临界期中的出力，使泄水量增加，而非临界期适当减少出力。对于灌溉给水的水库，可以考虑在绘制调度图保证供水线的基础上划出加大供水区来适应下游的冲污要求。对在汛期有冲污要求的水库，可以研究在汛期维持一较高的平均下泄流量，即对洪峰过程进行适当调节，使下泄量较平稳，有利于冲污。

如吉林丰满水库下游的松花江污染较严重，三岔河以上累计污水流量约为 35m³/s。在正常枯水年份，水库发电出流达 350m³/s 左右，基本上可以适应冲污要求。从尽可能改善下游水质的角度出发，可以考虑把整个枯水期的运行方式加以适当调整，即通过电力系统统一调度，将丰满电站 12 月～次年 3 月的平均出力适当加大，把枯水期其他月份的出力适当减小，则在控制污染临界期内丰满水库可以下泄更大的流量，从而对改善下游水质十分有利。

另外，水库对上游来水中的有毒物质有一定的沉聚、稀释作用，但这与来水量、水库蓄水量及有毒物质的来量有关。据统计，官厅水库存水少于 3 亿 m³ 时，水中的酚、汞、氰化物的含量都超过国家标准，这一情况应当在调度中予以考虑。

2. 水产方面

水库提供了广阔的水面，一般情况下也为发展渔业生产提供了优越的条件，然而也相应地带来了一些问题。例如大坝阻断了洄游性鱼类的洄游通道、水文条件的改变破坏了某些鱼类的产卵条件、水库溢流对鱼类产生机械性伤害、由于氮过饱和会对鱼类有很大损害等。此外，水库下游水流速度、水温、混浊度和水质改变，也可能使某些鱼类受到不同程度的影响。

通过改变水库调度，在不影响主要水利任务的条件下照顾到渔业的要求，可以改善一部分问题，在国内外都有一些经验，例如：

（1）在本水库主要鱼类产卵期，库水位尽可能保持稳定，使鱼卵不因库水位降落过快而干涸或因库水位上升过多而淹没太深。

如黑龙江省龙凤山水库在水库调度中曾在一段时间内采取过照顾渔业生产的做法。该水库流域面积大，库容相对不大，4～5 月及 7～8 月来水一般较丰；而 6 月采水量较小，又恰值灌溉用水高峰，库水位急剧下降，对鱼类自然繁殖十分不利。为了照顾渔业生产，在调度上采取春汛多蓄、提前加大供水量的方式。如 5 月末若水库水位较高，则在接近鱼类产卵期前，提前加大供水流量至 6 月的标准，然后在鱼类产卵期内按灌溉要求下限供水，保持两周左右使库水位尽可能平稳。这种方式曾对渔业生产起过一定的促进作用。

（2）对水库下游，为创造适当的产卵条件，可以采用设置若干人造小洪峰的办法，1970～1972 年，在南非潘勾拉水库做了几次人造洪峰的研究试验，表明在该水库具体条件下泄放三天洪峰流量 120m³/s 可保证下游淹没区创造出适当的产卵条件，但需在适宜的时间进行，并且要先放一个较小的洪水在前。

（3）对于库水位的消落应有最低限制，不能消落过低，以保证渔业对水深及水面面积的最低要求，尤其是遇到特枯水年时。对于下游也尽可能保持一定的泄量，这就要求正常地进行水库调度，不要只管主要兴利部门而不照顾渔业的最低要求。对向下游供水的灌溉水库，要注意在泄水时不要骤然停水，以免鱼类受阻于洼地而死亡。

（4）对溢洪造成鱼类的机械性损伤及氮的过饱和使鱼死亡问题，应考虑用尽可能延长溢洪时间的方式来降低下泄的最大流量；另外，如有多层泄水设备，应研究各种泄流量所应采用的合理泄洪设备组合，以使对鱼的伤害减至最少。

3. 水温变化与农业灌溉方面

水库作为一个热容量很大的巨大水体，在升温期不易变热，在降温期也难冷却。在地区水文、气象及水库调度的影响下，水库具有特殊的水温结构，一般有分层型与混合型两种。根据水库的库容特性可做大致的判断：如总库容系数 $\beta > 0.1$，一般为稳定的分层型；如 $\beta < 0.05$，则一般为混合型。

水库水温结构的变化将带来一定的影响。如对于分层型水库水温结构，如果发电时总在底层取水，则在春、夏季泄放冷水至下游对灌溉及渔业不利；但对于火力发电厂的冷却用水，又希望水温低一些。故如果具有水温结构预测的资料，当下游用水对水温有要求时，即可根据计算通过分层引水口引水满足。如仅在下游灌溉期有水温要求时，一般情况下引可用表层水，但气温很高时也可适当引用底层水，这样反可促进水稻生长。如浙江省三溪浦水库，1966 年前用底层水灌溉，后来改用表层水，据 1967～1970 年统计，水稻平均亩产比 1963～1986 年增加 27%。湖南省千金水库做了试验，证明在水稻"双抢"期间灌以温度较低的水有利于晚稻生长。

4. 长期排浑方面

与水温结构的变化类似，有些水库还有长期排浑问题。由于汛期蓄水的关系，不可避免地要蓄进浑水。如果泥沙颗粒很细，可能形成长期浑水不沉淀，从而形成长期排浑现象。解决这个问题较困难，在水库调度上，有时可采用分层取水的办法，在需要清水时用表层水，而在下游允许时，泄出浑水。

5. 防止水库富营养化方面

防止水库富营养化，就要防止营养盐类在水库的积累，要在监测的基础上控制污染源，并尽可能将某些时候含丰富营养盐类的水流，采用分层取水的办法排出水库。

6. 其他方面

库水位调节是控制蚊子繁殖最有效的办法，美国田纳西流域的水库系统的经验表明，如果在蚊子繁殖季节使库水位每周升降 0.3m，就会使蚊子的生命周期得到致命的破坏，河道流量管理也可以作为控制水生杂草的手段。

在旅游方面，要求库水位能较长时期保持在较高的高度，以便保持较多的库面供游览。如对北京十三陵水库水位曾提出希望不要降到 90.0m 高程以下，就是旅游事业的要求。

四、案例分析

案例 7-41-1：介绍三峡水利枢纽的生态调度。

（一）考虑下游水生态及库区水环境保护的调度

水库的调度运用对生态与环境造成的不利影响不可忽视。根据目前长江流域水库的管理和调度现状，研究认为，在现有的调度方式中，根据各水库的实际情况可以通过下泄合理的生态基流（最小或适宜生态需水量），运用适当的调度方式控制水体富营养化、控制水体理化性状与水华爆发、控制河口咸潮入侵等，以达到减少或消除对水库下游生态和库区水环境不利影响的目的。

1. 确定合理的生态基流

生态基流要根据坝下游河道的生态需水确定。生态需水是指维系一定环境功能状况或目标（现状、恢复或发展）下客观需求的水资源量。确定河流生态需水量是保护河流生态系统功能的有效措施。河流生态需水量的确定，应根据河流所在区域的生态功能要求，即生物体自身的需水量和生物体赖以生存的环境需水量来确定。河流生态需水量不但与河流生态系统中生物群体结构有关，还与区域气候、土壤、地质和其他环境条件有关。

根据长江流域水资源综合规划的要求，长江流域河道生态基流可根据多年径流量资料，一般采用90%或95%保证率的最枯月河流平均流量。

根据生态基流控制水库下泄流量的措施多种多样，最经济的方法是设定在一定发电水头下的电站最低出力值。通过电站引水闸的调节，使发电最小下泄流量不低于所需的河道生态基流，以维持坝下游生态用水。

2. 控制水体富营养化

水库局部缓流区域水体富营养化的控制，可通过改变水库调度运行方式，在一定的时段内降低坝前蓄水位，使缓流区域水体的流速加大，破坏水体富营养化的形成条件；或通过在一定的时段内增加水库下泄流量，带动水库水体的流速加大，达到消除水库局部水体富营养化的目的。另外，对水库下游河段，可通过在一定的时段内加大水库下泄量，破坏河流水体富营养化的形成条件；或采取引水方式（如汉江下游的"引江济汉"工程），增加河流的流量，消除河流水体的富营养化。

3. 控制咸潮入侵

长江口属于受上游来水和口外咸潮入侵双重影响的敏感水域，上游来水和咸潮入侵直接关系到这一水域的生态安全。

三峡工程是长江干流上骨干水利枢纽工程，水库具有较大的调节库容，按设计的调度运用方式，可增加长江中下游干流枯季流量1000~2000m³/s，对改善长江口枯季咸潮入侵的作用明显，但在三峡水库蓄水期有一定的不利影响。水库调度在满足原定防洪、发电、航运等基本要求的前提下，可适当改变调度运行方式，以减少在10月三峡工程蓄水期对咸潮入侵的不利影响。通过初步研究，可以考虑在不影响重庆河段输沙的条件下，适当延长三峡水库蓄水期，可减少10月的蓄水量，对长江口的影响便可明显减轻。在此基础上，还可以研究应急调度运用方式，如果长江出现特枯水，长江口咸潮入侵形势特别严峻时，可加大发电流量，以缓解这一关系到长江口地区可持续发展的重大问题。

（二）考虑水生生物及鱼类资源保护的调度

水库形成后，一方面产生了一些有利于部分水生生物繁衍生息的条件，其种类和数量会大幅度增加，生产力将提高；另一方面，水库对径流的调节作用使库区及坝下河流水文情势和水体物理特性发生变化，对水生生物的繁衍和鱼类的生长、发育、繁殖、索饵、越冬等均会产生不同程度的影响。如库区原有的急流生态环境萎缩或消失，一些适宜流水性环境生存和繁殖的鱼类，因条件恶化或丧失，种群数量下降，个别分布区域狭窄、对环境条件要求苛刻的种类甚至消失；大坝阻隔作用使生态环境片段化，影响水生生物迁移交流，导致种群遗传多样性下降；水库低温水下泄，对坝下游水生动物的产卵、繁殖具有不利影响：由于水库泄洪水流中进入了大量氮气，使下泄水体中氮气过饱和，可能导致坝下游鱼类（尤其是鱼苗）发生"气泡病"。对这些不利影响，可采用以下调度措施减小或消除。

1. 采取人造洪峰调度方式

水库的径流调节使坝下河流自然涨落过程弱化，一些对水位涨落过程要求较高的漂流性产卵鱼类繁殖受到影响。根据鱼类繁殖生物学习性，结合坝下游水文情势的变化，通过合理控制水库下泄流量和时间，人为制造洪峰过程，可为这些鱼类创造产卵繁殖的适宜生态条件。鉴于三峡工程对长江荆江段"四大家鱼"产卵场的不利影响，已开展了"人造洪峰"诱导鱼类繁殖技术的研究与实践。

2. 根据水生生物的生活繁衍习性灵活调度

水库及坝下江段水位涨落频繁，对沿岸带水生维管束植物、底栖动物和着生藻类等繁衍不利，特别是产黏性卵鱼类繁殖季节，水位的频繁涨落会导致鱼类卵苗搁浅死亡。因此，水库调度时，应充分考虑这些影响，尤其是产黏性卵鱼类繁殖季节，应尽量保持水位的稳定。我国很多渔业生产水平比较高的水库，在水库调度中部采取了兼顾渔业生产的生态调度措施。如黑龙江省龙凤山水库在调度上采取春汛多蓄、提前加大供水量的方式，然后在鱼类产卵期内按供水下限供水，使水库水位尽可能平稳，取得较好的效果。

3. 控制低温水下泄

水库低温水的下泄严重影响坝下游水生动物的产卵、繁殖和生长，可以根据水库水温垂直分布结构，结合取水用途和下游河段水生生物的生物学特性，利用分层取水设施，通过下泄方式的调整，如增加表孔泄流等措施，以提高下泄水的水温，满足坝下游水生动物产卵、繁殖的需求。

4. 控制下泄水体气体过饱和

高坝水库泄水，尤其是表孔和中孔泄洪，需考虑消能易导致气体过饱和，对水生生物、鱼类产生不利影响，特别是鱼类繁殖期，对仔幼鱼危害较大，仔幼鱼死亡率高。水库调度可考虑在保证防洪安全的前提下，适当延长溢流时间，降低下泄的最大流量；如有多层泄洪设备，可研究各种泄流量所应采用的合理泄洪设备组合，做到消能与防止气体过饱和平衡，尽量减轻气体过饱和现象的发生。此外，气体过饱和在河道内自然消减较为缓慢，需要水流汇入以快速缓解，可以通过流域干支流的联合调度，降低下泄气体中过饱和水体流量的比重，减轻气体过饱和对下游河段水生生物的影响。

（三）考虑湿地保护需要的调度

长江中下游为我国淡水湖泊湿地的集中分布区，河口地区在海陆交界处分布有大面积的滩涂湿地。长江流域水资源和水力资源开发利用，将会引起长江下游及河口水文泥沙条件变化，进而对洞庭湖、鄱阳湖和河口等湿地结构和功能产生一定影响。水库对湿地的影响产生的根本原因，是水库改变了天然河流水沙特性，造成天然湿地水沙补给规律改变。因此，水库的调度应根据长江中下游湿地的特点，从保护湿地的角度，通过对水库下泄流量和含沙量作季节性调整等措施，将水库对湿地的影响减小。

【思考与练习】

1. 修建水库对生态环境带来哪些影响？
2. 从河流生态系统保护的角度看，现行调度方式存在哪些问题？
3. 水库生态调度需要开展哪些工作？

第八部分

规 程 规 范

第四十二章

水库调度与水情测报

◢ 模块 1 《大中型水电站水库调度规范》(ZY0500201001)

【模块描述】本模块介绍《大中型水电站水库调度规范》(GB 17621—1998)。通过条文解释,掌握水电站水库调度基本工作内容和有关规定。

【模块内容】

一、《大中型水电站水库调度规范》(GB 17621—1998)使用范围和总体原则

《大中型水电站水库调度规范》(GB 17621—1998)规定了大中型水电站水库调度的原则、任务、方法、外部条件和科学管理要求。

《大中型水电站水库调度规范》(GB 17621—1998)共 8 章,分别为范围、总则、水库运用参数和基本资料、水文气象情报及预报、洪水调度、发电及其他兴利调度、库区及下游河道管理、水库调度管理。

《大中型水电站水库调度规范》(GB 17621—1998)是依据《中华人民共和国水法》《中华人民共和国防洪法》《中华人民共和国电力法》《中华人民共和国防汛条例》和《中华人民共和国电网调度管理条例》,参考电力、水利系统等部门所属大中型水库的调度规程、制度和相关的标准、规范,吸收了新中国成立以来大中型水电站水库调度的主要经验教训,高度概括,形成能指导水电站水库调度工作的一本规范。

二、《大中型水电站水库调度规范》(GB 17621—1998)使用注意事项

(1)水库建成投入运用后,因水文条件(指水文气象观测资料,流域自然地理情况,水库的来水、来沙和水库淤积等)工程情况及综合利用任务等发生变化,水库不能按设计规定运用时,上级主管部门应组织运行管理、设计等有关单位,对水库运用参数及指标进行复核。正常情况下,每隔 5～10 年进行一次复核。如主要参数及指标需变更,应按原设计报批程序进行审批后方可执行。

(2)在汛期承担下游防洪任务的水库,汛期防洪限制水位以上的洪水调度由有管辖权的防汛指挥部门指挥调度,其他任何单位和部门不得干涉。汛期防洪限制水位以下的水库调度由水库调度管理单位负责指挥调度。

不承担下游防洪任务的水库,其汛期洪水调度由水库调度管理单位负责指挥调度。

已蓄水运用的在建水电工程,其洪水调度应以工程建设单位为主,会同设计、施工、水库调度管理等单位组成的工程防汛协调领导小组负责指挥调度。

水库调度管理单位应根据设计的防洪标准和水库洪水调度原则,结合枢纽工程实际情况制定年度洪水调度计划。承担下游防洪任务的水库,经上级主管部门审查,由上级主管部门报有管辖权的防汛领导部门批准;不承担下游防洪任务的水库,报上级主管部门审查批准,并报有关地方人民政府及流域机构备案。

年度洪水调度计划主要包括:

1)计划编制的指导思想及主要依据。除原设计规定外,还应阐明本年度存在的特殊情况,如工程缺陷、下游梯级电站施工要求、库区存在的问题等。

2)枢纽工程概况及水库运用原则。

3)有关各项防洪指标的规定。

4)洪水调度规则。

5)绘制水库洪水调度图,并附以文字说明。按不同洪水特点,规定控制条件和提出相应的调度措施。

(3)具有合格洪水预报方案的水库,可采用以下几种主要的洪水预报调度方式。在使用洪水预报成果时,要充分考虑预报误差并留有余地。

1)预泄调度。在洪水入库前,可利用洪水预报提前加大水库的下泄流量(最大不超过下游河道的安全泄量),腾出部分库容用于后期防洪。

2)补偿和错峰调度。在确保枢纽工程安全的前提下,可采用前错或后错方式,应明确规定错峰起讫的控制条件。

3)实时预报调度。根据预报入库洪水、当时水库水位和规定的各级控制泄量的判别条件,确定水库下泄流量的量级,实施水库预报调度。

(4)建立水库调度值班制度。值班人员主要职责有:

1)收、发水情电报,及时掌握雨、水、沙、冰情和水库运行情况。

2)做好水文预报,掌握防洪、蓄水、用水情况,进行水库调蓄计算,提出调度意见。

3)按规定及时与有关单位联系和向有关领导请示汇报,并按授权发布调度命令。

4)做好水量平衡计算和调度运用资料统计工作。

5)做好调度值班记录和交接班工作。

6)建立水库调度运用技术档案制度。应及时整编归档雨、水、沙、冰情资料,综合利用资料,短、中、长期预报成果,调度方案及计算成果,以及其他重要调度运用数据和文件等。

（5）做好水库调度工作总结、每年汛末和年底分别编写洪水调度总结、兴利调度总结及有关专题技术总结，总结报告应报上级主管部门备案。总结主要内容应包括：

1）雨、水、沙、冰情分析。

2）主要调度运用过程。

3）水文气象预报成果误差评定。

4）水库实际运用指标与计划指标的比较。

5）节水增发电量评定。

6）综合利用效益分析。

7）存在问题及相应改进意见。

【思考与练习】

1.《大中型水电站水库调度规范》（GB 17621—1998）使用范围是什么？

2.《大中型水电站水库调度规范》（GB 17621—1998）主要章节的内容是什么？

3. 年度洪水调度计划主要包括什么内容？

▲ 模块 2 《水文自动测报系统技术规范》（ZY0500201002）

【模块描述】本模块介绍《水文自动测报系统技术规范》（SL 61—2015）。通过条文解释，掌握水文自动测报系统从系统建设前期、设计、设备安装调试和系统考核、验收、运行管理的规定。

【模块内容】

一、《水文自动测报系统技术规范》（SL 61—2015）使用范围和总体原则

《水文自动测报系统技术规范》（SL 61—2015）规定了江河、湖泊、近海、水库、水电站、灌区及输水工程等水文（水资源）自动测报系统的规划、设计、施工和运行管理的方法和标准。

《水文自动测报系统技术规范》共 7 章，分别为范围，规范性引用文件，术语和定义、符号、代号、缩略语，系统建设前期，系统设计，系统设备及安装调试，系统测试、验收和运行。

《水文自动测报系统技术规范》（SL 61—2015）是依据 2015 年水利行业标准制（修）订计划，在修订《水文自动测报系统技术规范》（SL 61–2003）的基础上，结合水文（水资源）自动测报系统的应用范围、技术水平、设备更新的现状修编而成。

二、《水文自动测报系统技术规范》（SL 61—2015）使用注意事项

（1）测报系统建设项目建议书的主要内容应包括：

1）建设的必要性。

2）建设目标和任务。

3）需求分析。

4）建设条件和规模。

5）遥测站网布设论证。

6）功能要求和主要技术指标。

7）组网方案和设备选型的初步论证，系统和设备的可靠性要求。

8）选用的工作制式，数据传输方式，通信设备的技术性能。

9）中心站数据接收、处理、交换及应用的要求。

10）与水文信息网以及其他系统连接的任务。

11）遥测站房、水位观测设施、天线塔、中心站站房、防雷接地等土建工程的基本要求。

12）建设进度安排。

13）系统建设和运行管理的保障措施。

14）投资估算和编制依据。

15）效益分析及经济评价。

（2）系统采集参数的精度，取决于传感器的分辨力和测量准确度，由数据传输、处理带来的误差应不影响数据精度：

1）雨量计。宜选择分辨力为 0.5mm 或 1.0mm 的雨量计；对于干旱地区可选择分辨力为 0.1mm 或 0.2mm 的雨量计。选用的雨量计测量精度应符合《水文自动测报系统技术规范》（SL 61—2015）表 3 的规定，并至少达到Ⅲ级准确度等级要求（降雨强度 0.1～4mm/min）。

2）水位计。地表水、地下水水位监测应选择分辨力为 0.1cm 或 1.0cm 的水位计。水位计测量准确度满足《水文自动测报系统技术规范》（SL 61—2015）表 4 的规定。

3）闸位计。分辨力为 1.0cm 时，其测量准确度和分辨力与分辨力为 1.0cm 的水位计相同。

（3）水文自动测报系统进行数据传输的通信可采用有线通信、移动通信、短波、超短波、微波、卫星通信等方式。采用公用信道时必须符合该信道的通信规程。

（4）系统建设完成后，应经过 6 个月（其中水情自动测报系统应经过一个汛期）的试运行考核，通过建设单位验收，方可移交并投入正常运行。系统的验收和移交可合并进行。

应通过较长时间的试运行，考核、检查各类站点的功能，系统的畅通率，完成数据收集、发送和数据处理所需时间，防雷、防灾能力，设备的技术性能、可靠性、测量准确度，发现和解决存在问题，培训和提高管理人员的管理、维修能力，完成运行管理工作条例的制订。

（5）电力系统的水情自动测报系统还必须满足《水电厂水情自动测报系统实用化要求及验收细则》的要求。

【思考与练习】

1.《水文自动测报系统技术规范》（SL 61—2015）使用范围是什么？

2.《水文自动测报系统技术规范》（SL 61—2015）的主要章节内容是什么？

3. 水文自动测报系统进行数据传输的通信方式有哪些？

▲ 模块 3　《水文情报预报规范》（ZY0500202003）

【模块描述】本模块介绍《水文情报预报规范》（SL 250—2000）。通过条文解释，掌握水文情报的收集、洪水预报和其他水文预报的规定。

【模块内容】

一、《水文情报预报规范》（SL 250—2000）使用范围和总体原则

《水文情报预报规范》（SL 250—2000）规定了大中型水电站水库调度的原则、任务、方法、外部条件和科学管理要求。

《水文情报预报规范》共 5 章，分别为总则、水文情报、洪水预报、其他水文预报、水文情报预报服务。

《水文情报预报规范》（SL 250—2000）是依据 2000 年水利水电技术标准制定、修订计划和《水利水电技术标准编写规定》（SL 01—1997），在修订《水文情报预报规范》（SD 13861—1985）的基础上，结合水文情报预报的技术水平、水文系统资料整编和服务现状修编而成。

二、《水文情报预报规范》（SL 250—2000）使用注意事项

（1）水文预报方案是作业预报的基本依据。水文预报方案的编制（或修订）应正式立项，其成果应通过专业审查，达到规定精度要求后，才能用于发布预报。

对于洪水预报方案（包括水库水文预报及水利水电工程施工期预报），要求使用不少于 10 年的水文气象资料，其中应包括大、中、小洪水各种代表性年份，并有足够代表性的场次洪水资料，湿润地区不应少于 50 次，干旱地区不应少于 25 次，当资料不足时，应使用所有洪水资料。

对于冰情预报和中长期预报，应注意资料的代表性。采用经验和统计方法时，样本个数不得少于 30 个。

水文预报方案应包括以下内容：

1）方案编制报告，包括流域水文特性说明、使用资料可靠性与代表性分析、采用的水文预报方法与技术途径、预报方案的预见期、精度评定和成果分析论证等。

2）主要的分析计算成果及其说明。

3）应用图表或计算机程序及其说明。

（2）水文预报方案在每年汛末或使用一个阶段以后，应对其进行评价。当发现下列情况之一时，应对方案进行修订、补充或更新：

1）实测水文资料已超出原水文预报方案数值范围。

2）积累的新资料表明水文规律已发生变化。

3）由于自然演变或人类活动影响，使流域、河段或断面水文情势发生改变。

4）采用新方法、新技术可以提高精度或增长有效预见期。

（3）水情站网由水情站组成，水情站网布设应符合下列要求：

1）具有代表性和控制性。

2）满足防汛抗旱、水工程建设和运用、水资源管理与保护及其他有关部门对水情的需要。

3）满足作业预报的需要。

4）具备良好的通信条件。

5）在国家基本水文站、雨量站中选择。不能满足要求时，可增设新站。

水工程设计、建设、管理单位开展水情测报工作，应以现有水情站刚为基础，不能满足需要时，可增设专用站，但专用站不应与国家基本水文站网重复。

水情站网应保持相对稳定，当发生下列情况之一时，应及时调整：

1）自然条件改变或人类活动影响使水文情势发生较大变化。

2）水文情报预报的要求有改变。

3）测验条件变化或测站位置变动。

（4）水文情报预报由县级以上人民政府防汛抗旱指挥机构、水文行政主管部门或者水文机构按照规定权限向社会统一发布。禁止任何其他单位和个人向社会发布水文情报预报。

【思考与练习】

1.《水文情报预报规范》（SL 250—2000）使用范围是什么？

2.《水文情报预报规范》（SL 250—2000）主要章节内容是什么？

3. 水文预报方案应包括哪些内容？

4. 水情站网布设应符合哪些要求？

▲ 模块 4 《水利水电工程等级划分及洪水标准》
（ZY5800500004）

【**模块描述**】本模块介绍《水利水电工程等级划分及洪水标准》（SL 252—2017）。通过条文解释，掌握水电工程等级划分的方法及各种不同水工建筑物的洪水标准。

【**模块内容**】

一、《水利水电工程等级划分及洪水标准》（SL 252—2017）使用范围和总体原则

《水利水电工程等级划分及洪水标准》（SL 252—2017）适用于我国不同地区、不同条件下建设的防洪、治涝、灌溉、供水和发电等各类水利水电工程的等级划分及洪水标准。对已建水利水电工程的修复、加固、改建、扩建，一般按本标准执行，如在执行中确有困难时，经充分论证并报主管部门批准，可以适当调整。

《水利水电工程等级划分及洪水标准》（SL 252—2017）共 5 章，分别为总则、术语、水利水电工程等级的划分、水工建筑物级别的确定、水工建筑物洪水标准的确定。

《水利水电工程等级划分及洪水标准》是根据水利技术标准制修订计划安排，按照《水利技术标准编写规定》（SL 1—2014）的要求，考虑我国水利水电工程的现状和管理水平，对《水利水电工程等级划分及洪水标准》（SL 252—2000）进行修订而成。

二、《水利水电工程等级划分及洪水标准》（SL 252—2017）使用注意事项

（1）失事后损失巨大或影响十分严重的水利水电工程的 2~5 级主要永久性水工建筑物，经论证并报主管部门批准，建筑物级别可提高一级；水头低、失事后造成损失不大的水利水电工程的 1~4 级主要永久性水工建筑物，经论证并报主管部门批准，建筑物级别可降低一级。

（2）水电站厂房的洪水标准，应根据其级别，按规范的规定确定。当水电站厂房永久性水工建筑物与水库工程挡水建筑物共同挡水时，其建筑物级别应与挡水建筑物的级别一致按标准中表 4.2.1 确定。当水电站厂房永久性水工建筑物不承担挡水任务、失事后不影响挡水建筑物安全时，其建筑物级别应根据水电站装机容量按标准中表 4.2.4 确定。

【**思考与练习**】

1. 《水利水电工程等级划分及洪水标准》（SL 252—2017）使用范围是什么？
2. 《水利水电工程等级划分及洪水标准》（SL 252—2017）的主要章节内容是什么？
3. 什么情况下水利水电工程可以提级和降级？

第四十三章

设计洪水与工程效益

▲ 模块 1 《水利水电工程设计洪水计算规范》(ZY0500202001)

【模块描述】本模块介绍《水利水电工程设计洪水计算规范》(SL 44—2006)。通过条文解释，掌握根据流量资料计算设计洪水的规定和方法。

【模块内容】

一、《水利水电工程设计洪水计算规范》(SL 44—2006)使用范围和总体原则

《水利水电工程设计洪水计算规范》(SL 44—2006)规定了大、中型水利水电工程各设计阶段设计洪水计算和运行期设计洪水复核，江河流域规划阶段和小型水利水电工程的设计洪水计算可参照执行。

《水利水电工程设计洪水计算规范》(SL 44—2006)共 7 章，分别为总则，基本资料、根据流量资料计算设计洪水，根据暴雨资料计算设计洪水，设计洪水的地区组成，干旱、岩溶、冰川、平原及滨海地区设计洪水计算，水利和水土保持措施对设计洪水的影响。

《水利水电工程设计洪水计算规范》(SL 44—2006)是在《水利水电工程设计洪水计算规范》(SL 44—1993)的基础上，考虑到水利水电工程设计洪水计算适用范围；计算方法的科学性、实用性和可操作性；古洪水的应用；汛期分期和施工分期等情况修订而成。

二、《水利水电工程设计洪水计算规范》(SL 44—2006)使用注意事项

(1)根据工程所在地区或流域的资料条件，设计洪水计算可采用下列一种或几种方法：

1)工程地址或其上、下游邻近地点具有 30 年以上实测和插补延长的流量资料，应采用频率分析法计算设计洪水。

2)工程所在地区具有 30 年以上实测和插补延长的暴雨资料，并有暴雨洪水对应关系时，可采用频率分析法计算设计暴雨，并由设计暴雨计算设计洪水。

3)工程所在流域内洪水和暴雨资料均短缺时，可利用邻近地区实测或调查洪水和暴雨资料,进行地区综合分析,计算设计洪水。

(2)洪水系列应具有一致性。当流域内因修建蓄水、引水、提水、分洪、滞洪等工程,大洪水时发生堤防溃决、溃坝等,明显改变了洪水过程,影响了洪水系列的一致性;或因河道整治、水尺零点高程系统变动影响水(潮)位系列一致性时,应将系列统一到同一基础。

根据影响因素的特点和工程设计要求,洪水系列的一致性处理应重点考虑下列情况:

1)洪水系列受分洪、滞洪、堤防溃决、水库或湖泊溃坝等影响时,应予以还原。

2)洪水系列受上游已建的大、中型蓄水、引水、提水工程等影响较大时,应还原至天然状况。

3)已建水库工程设计洪水复核时,应对工程兴建前后的洪水系列进行一致性处理。

4)当堤防防洪能力发生变化,明显影响洪水系列的一致性时,可分别计算归槽与天然状态下的洪水系列。

5)因河道整治等而影响设计依据站水位系列的一致性时,应将整治前的水位处理成现状条件下的水位。

(3)历史洪水的调查,应着重调查洪水发生时间、成因、洪水位、洪水过程、主流方向、断面冲淤变化及影响河道糙率的因素等,并应了解雨情、灾情、洪水来源、有无漫流、分流、壅水、死水,以及流域自然条件变化等情况。平原地区还应注意调查溃堤破圩、分蓄洪情况;涝渍地区还应调查了解洪涝降雨量、最高积水水位及相应影响范围、排涝时间、外江最高水位等。

(4)历年或典型年的入库洪水,可根据资料条件选用下列方法分析计算:

1)流量叠加法。当水库周边附近有水文站,其控制面积占坝址以上面积比重较大、资料较完整可靠时,可分干支流、区间陆面和库面分别计算分区的入库洪水,再叠加为集中的入库洪水。

2)流量反演法。当汇入库区的支流洪水所占比重较小时,可采用马斯京根法或槽蓄曲线法反演推算入库洪水。

3)水量平衡法。对于已建水库,可根据水库下泄流量及水库蓄水量的变化反推入库洪水。

根据资料条件及工程设计需要,可采用下列方法计算集中的或分区的入库设计洪水:

1)当有较长的入库洪水系列时,可采用频率分析法计算入库设计洪水。

2)当入库洪水系列较短,不能采用频率分析法时,可采用坝址设计洪水的放大倍比来放大典型入库洪水，作为入库设计洪水。

3）当汇入库区的支流洪水所占比重较小时，可采用流量反演法由坝址设计洪水推求入库设计洪水。

【思考与练习】

1.《水利水电工程设计洪水计算规范》（SL 44—2006）使用范围是什么？

2.《水利水电工程设计洪水计算规范》（SL 44—2006）的主要章节内容是什么？

3. 根据影响因素的特点和工程设计要求，洪水系列的一致性处理应重点考虑哪些情况？

4. 历年或典型年的入库洪水，可根据资料条件选用哪些方法分析计算？

◢ 模块 2 《水电工程水利计算规范》（ZY0500202002）

【模块描述】本模块介绍《水电工程水利计算规范》（NB/T 10083—2018）。通过条文解释，掌握水电工程水利计算的任务和原则。

【模块内容】

一、《水电工程水利计算规范》（NB/T 10083—2018）使用范围和总体原则

《水电工程水利计算规范》（NB/T 10083—2018）规定了水电工程水利计算应遵循的原则、工作内容、深度和技术要求。

《水电工程水利计算规范》（NB/T 10083—2018）共 12 章，分别为总则、术语、基本资料、洪水调节计算、径流调节计算、水电站群径流调节计算、水库调度图绘制、水库初期蓄水计算、水库泥沙冲淤计算、水库回水计算、兼有综合利用任务的水利计算、专门问题的水利计算。

《水电工程水利计算规范》（NB/T 10083—2018）是根据《国家能源局关于下达 2014 年第二批能源领域行业标准制（修）订计划的通知》（国能科技〔2015〕12 号）的要求，规范编写组经广泛调查研究，认真总结实践经验，并在广泛征求意见的基础上，对《水电工程水利计算规范》（DL/T 5015—1999）进行了修订。

二、《水电工程水利计算规范》（NB/T 10083—2018）使用注意事项

（1）水库洪水调节计算。承担下游防洪任务的水库，应依据水库泄洪设施运用条件、洪水特点和下游防护对象的具体情况选择洪水调节方式，并应符合下列要求：

1）当水电工程与下有防护对象控制断面之间的区间洪水较小时，可采用固定控制泄量方式。有多个防洪标准不同的防护对象时，可采用分级控制泄量方式。

2）当区间洪水较大，且区间具有可靠的洪水流量预报条件，同时预见期大于水库泄量流达防护对象控制断面的传播时间时，可采用补偿凑泄的方式或错峰调度方式，但应考虑预报误差，并留有余地；否则应采用固定控制泄流方式。

3）采用控制泄量方式洪水调节的水库，应有明确的泄量判别方式。可采用库水位、入库流量或库水位与入库流量双重判别。泄量判别方式适用于不同频率、不同典型洪水过程线洪水调节计算时判别泄量的需要。

（2）起调水位选择应符合下列要求：

1）设有防洪限制水位的水库，起调水位应采用防洪限制水位。

2）设有运行控制水位的水库，可按运行控制水位的要求起调。对不同分期的洪水进行调节计算，应采用相应分期的运行水位作为起调水位。

3）未设防洪限制水位或运行控制水位的水库，起调水位应采用正常蓄水位。

（3）洪水调节计算考虑水电站机组过水能力时，应符合下列规定：

1）当洪水小于电站厂房设计标准洪水时，可计入全部机组过水能力参与泄洪。

2）当洪水大于等于电站厂房设计标准洪水而小于电站厂房校核标准洪水时，可计入全部机组过水能力的 1/2 参与泄洪。

3）当洪水大于等于电站厂房校核标准洪水或水头超出机组允许运行水头范围时，不考虑机组参与泄洪。

【思考与练习】

1.《水电工程水利计算规范》（NB/T 10083—2018）的主要章节内容是什么？

2. 承担下游防洪任务的水库，应依据水库泄洪设施运用条件、洪水特点和下游防护对象的具体情况选择洪水调节方式，并应符合哪些要求？

3. 起调水位选择应符合哪些要求？

4. 洪水调节计算考虑水电站机组过水能力时，应符合哪些规定？

◢ 模块 3 《已成防洪工程经济效益分析计算及评价规范》（ZY0500202003）

【模块描述】本模块介绍《已成防洪工程经济效益分析计算及评价规范》（SL 206—2014）。通过条文解释，了解防洪工程经济效益分析计算的方法。

【模块内容】

一、《已成防洪工程经济效益分析计算及评价规范》（SL 206—2014）使用范围和总体原则

《已成防洪工程经济效益分析计算及评价规范》（SL 206—2014）规定了已成防洪工程某洪水年或一段时期实际产生的经济效益的分析计算及评价。

《已成防洪工程经济效益分析计算及评价规范》（SL 206—2014）共 8 章，分别为总则、术语、经济效益分析计算、费用分析计算、经济评价、流域防洪工程体系经济效益分析计算、社会环境效益分析、效益分析与评价结论。

《已成防洪工程经济效益分析计算及评价规范》（SL 206—2014）是根据《建设项目经济评价方法与参数（第三版）》（发改投资〔2006〕1325号）、《水利建设项目经济评价规范》（SL 72）和《水利技术标准编写规定》（SL 01–2002）的规定，修订《已成防洪工程经济效益分析计算及评价规范》（SL 206—98）。

二、《已成防洪工程经济效益分析计算及评价规范》（SL 206—2014）使用注意事项

（1）已成防洪工程产生的经济效益应采用实际发生年法，按假定无本防洪工程情况下可能造成的洪灾损失与有本防洪工程情况下实际的洪灾损失的差值计算。

直接洪灾损失的实物指标应根据洪水发生年的实际洪水情况调查分析确定；对过去发生的洪灾损失应根据逐年洪灾统计资料，参照水文资料进行核实后确定。

直接洪灾损失可按以下方法计算：

1）如有实际洪灾损失实物量数据，将其乘以计算标准年相应实物的单价求得；

2）如仅有洪灾淹没农田亩数或受灾人口数，将其乘以当年价格水平的单位综合损失指标求得。单位综合损失指标农村可采用地均指标（元/hm²）和人均指标（元/人）表示。

（2）洪灾直接经济损失调查内容一般应包括以下类型：

1）农作物（包括粮食、经济作物及秸秆等农副产品）损失。

2）林业（包括用材林、防护林、薪炭林、经济林等）损失。

3）水产业（个人所有的计入私人财产）损失。

4）畜牧业（个人所有的计入私人财产）损失。

5）工程设施（包括水利设施、公路桥涵、机场港口、供电设施、通信线路、市政设施）和过境骨干运输线（包括铁路、公路、输油输气管道等）损失。

6）居民财产（包括房屋、生产和交通工具、耐用消费品、畜禽、粮食等）损失。

7）政府机构及企、事业单位和其他社会组织的财产（包括固定资产和流动资产）损失。

8）工矿企业、商业等停产停业的损失。

9）骨干运输线（包括铁路、公路、机场、港口、输油输气管道、电力通信线路等）中断的营运损失。

10）其他损失，包括医疗救灾、救护居民、转移安置受灾者的费用等。

11）其他洪灾直接损失。

【思考与练习】

1.《已成防洪工程经济效益分析计算及评价规范》（SL 206—2014）使用范围是什么？

2.《已成防洪工程经济效益分析计算及评价规范》（SL 206—2014）主要章节的内容是什么？

3. 直接洪灾损失可按哪些方法计算？

▲ 模块4 《水库洪水调度考评规定》（ZY5800500008）

【模块描述】 本模块介绍《水库洪水调度考评规定》（SL 224—1998）。通过条文解释，了解水库洪水调度的考评内容和考评指标。

【模块内容】

一、《水库洪水调度考评规定》（SL 224—1998）使用范围和总体原则

《水库洪水调度考评规定》规定了大型和重要中型水库调度的原则、任务、方法、外部条件和科学管理要求。

《水库洪水调度考评规定》（SL 224—1998）共4章，分别为总则、考评内容、考评指标和评分办法、考评组织和管理。

《水库洪水调度考评规定》（SL 224—1998）是依据《中华人民共和国水法》《中华人民共和国防洪法》《中华人民共和国电力法》《中华人民共和国防汛条例》和《中华人民共和国电网调度管理条例》，参考电力、水利系统等部门所属大中型水库的调度规程、制度和相关的标准、规范，吸收了新中国成立以来大中型水电站水库调度的主要经验教训，高度概括，形成能指导水电站水库调度工作的一本规范。

二、《水库洪水调度考评规定》（SL 224—1998）使用注意事项

（1）水库洪水调度考评按基础工作、经常性工作、洪水预报、洪水调度等四部分各划为若干项目进行。

（2）全部考评内容共20个项目，按是否达到这些指标进行评价，分为好、一般和差三个等级。

基础工作与经常性工作共11个项目。各个项目按指标达标程度进行评价。

洪水预报与洪水调度共9个项目。按公式计算各项指标指数，并据以作出评价。

【思考与练习】

1.《水库洪水调度考评规定》（SL 224—1998）使用范围是什么？

2.《水库洪水调度考评规定》（SL 224—1998）主要章节的内容是什么？

3. 水库洪水调度考评按哪些项目进行考评？